沸石在催化三聚甲醛中的应用

Application of Zeolite in Catalysis of Paraformalde- hyde Trioxide

武文慧 著

化学工业出版社

·北京·

内容简介

《沸石在催化三聚甲醛中的应用》介绍了沸石类催化剂催化合成三聚甲醛的优势,详细介绍了MFI分子筛作为一种催化甲醛合成三聚甲醛催化剂的优势。并且创新地改变了MFI分子筛的组成,提高了其对三聚甲醛的催化性能。本书可供化学与工程技术专业的师生或对催化剂结构、催化剂改性有学习需求的读者阅读。

图书在版编目(CIP)数据

沸石在催化三聚甲醛中的应用 / 武文慧著. -- 北京:化学工业出版社,2025.3. -- ISBN 978-7-122-47433-9

I. TQ326.51

中国国家版本馆CIP数据核字第2025NC7078号

责任编辑:陈 喆　　　　　　　　文字编辑:白华霞
责任校对:宋 玮　　　　　　　　装帧设计:孙 沁

出版发行:化学工业出版社
　　　　　(北京市东城区青年湖南街13号　邮政编码100011)
印　　装:涿州市殷润文化传播有限公司
710mm×1000mm　1/16　印张7　字数128千字
2025年6月北京第1版第1次印刷

购书咨询:010-64518888　　　　　售后服务:010-64518899
网　　址:http://www.cip.com.cn
凡购买本书,如有缺损质量问题,本社销售中心负责调换。

定　　价:79.00元　　　　　　　　版权所有　违者必究

前言

三聚甲醛（1,3,5-trioxane，TOX），又名1,3,5-三氧杂环己烷，其用途广泛，不仅可以制备无水甲醛，也是生产聚甲醛（POM）的重要原料，广泛应用于有机化工合成产业。我国对于三聚甲醛的需求一直处于递增状态。三聚甲醛的合成中最重要的是催化剂。催化剂对三聚甲醛的质量、选择性、甲醛的转化率等起决定性的作用。催化甲醛合成三聚甲醛的催化剂有硫酸、超强固体酸、离子液体等。由于硫酸成本较低、活性较高，工业上一般使用液体硫酸作为甲醛合成三聚甲醛的催化剂，但是使用硫酸作为催化剂不仅对反应设备腐蚀严重，而且会产生大量甲酸、甲醇、甲缩醛（DMM）、甲酸甲酯（MF）等副产物，从而降低三聚甲醛的选择性，而且液体催化剂反应后不易于和产物分离。离子液体作为催化剂相比硫酸而言，对设备的腐蚀性较低，副产物较少，可控性强，但是由于其价格昂贵且同样作为液体催化剂与产物分离困难，因此还需寻求性价比更高的催化剂。使用固体酸树脂进行催化可以降低对设备的腐蚀性，同时易于和产物分离，但是固体酸树脂也存在活性中心易脱落、催化剂使用量高、对甲醛的浓度要求高等问题。

MFI分子筛作为如今热门的固体分子筛，具有与产物易分离且结构稳定等优点，被广泛用于三聚甲醛的合成工艺中。但以Al作为活性位点的MFI分子筛仍存在一定的缺陷。因此本书提出了以Ga改性MFI催化剂催化甲醛合成三聚甲醛的反应，通过对MFI分子筛酸性质的调控，探究ⅢA族元素改性MFI催化剂的酸性质对甲醛合成三聚甲醛反应的影响。

在本专著即将付梓之际，我心怀无尽感激，亦深知自身所取得的成果不过是化学浩瀚海洋中的点滴汇聚。

我要诚挚感谢我的导师，是他指引我在研究之路上前行的方向。我要感谢我的伙伴，我们在实验室中并肩作战，那些为了一组精确数据而反复试验的日夜，那些因实验瓶颈而共同苦思冥想的时刻，都因你们的陪伴与支持而充满力量。我们一起见证了化学反应的奇妙变幻，一起攻克了一个又一个技术难关，这份情谊与合作精神，是我学术生涯中无比珍贵的财富。

　　对于我在研究过程中参考引用其成果的各位化学界同仁，我深表敬意与感谢。你们的研究成果是我研究的重要基石，我站在你们的肩膀上，才得以眺望更远的化学天地。

　　我深知自己在化学领域的探索仍任重道远，本专著的完成只是一个阶段性的小结。我将带着这份自谦与对化学的热爱，继续在这条充满挑战与惊喜的道路上砥砺前行，期望能为化学学科的发展贡献更多的绵薄之力。

著　者

2025年1月

目录

第1章
绪论

1.1   三聚甲醛简介

三聚甲醛作为一种重要的有机化工原料，应用非常广泛，其重要性质如图1-1所示。首先三聚甲醛是合成聚甲醛的重要原料。众所周知，聚甲醛因为具有很多不同材料的优点被人们称为五大世界工程塑料之一，聚甲醛合成的材料具有较好的强度、硬度、韧性和塑性，以及突出的耐磨性能，并且也不怕有机溶剂的腐蚀。聚甲醛还可部分替代金属（如铜、锌、铝、钢等）广泛用于汽车制造、精密仪器零件、电器、军工等行业[1, 2]。我国已经成为世界上最大的聚甲醛生产国和消费国；同时聚甲醛是煤化工行业C_1化学的重要分支，我国的能源结构决定了我国具有进行聚甲醛工业化大规模生产的优势[3]。聚甲醛可以分为两大类：一类是三聚甲醛或甲醛的均聚体，称为均聚甲醛；另一类是三聚甲醛与少量戊环的共聚体，称为共聚甲醛。从两种产品性能上看，均聚甲醛的结晶度略高，其各方面的物理性能稍优于共聚甲醛，但其热稳定性、耐酸碱腐蚀性明显不如共聚甲醛，均聚甲醛加工温度范围更窄；而且共聚甲醛加工成型的条件不像均聚甲醛那样苛刻，加工过程热分解释放出来的甲醛气体少，可回收再利用。三聚甲醛的生产是聚甲醛工艺中的核心，长期以来面临着规模小、能量消耗高、质量不稳定、污染大、研发和技术创新方面投入薄弱

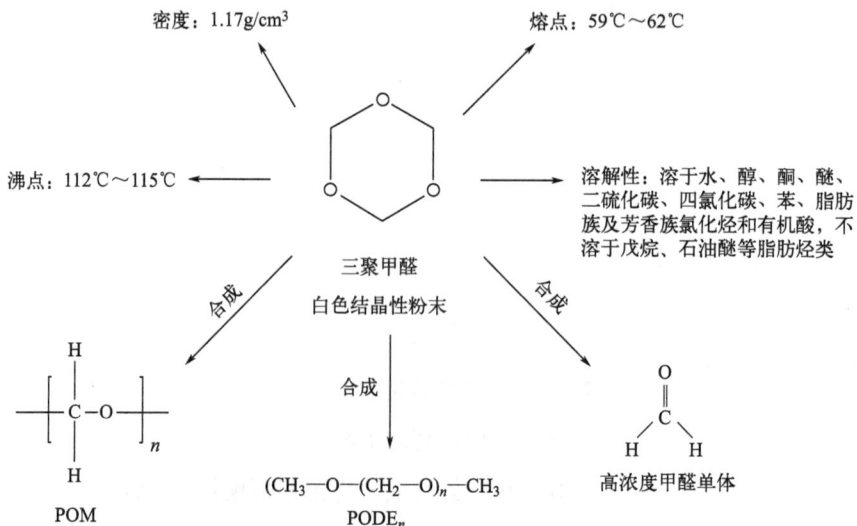

密度：$1.17g/cm^3$

熔点：$59℃\sim62℃$

沸点：$112℃\sim115℃$

溶解性：溶于水、醇、酮、醚、二硫化碳、四氯化碳、苯、脂肪族及芳香族氯化烃和有机酸，不溶于戊烷、石油醚等脂肪烃类

三聚甲醛
白色结晶性粉末

合成

POM

$(CH_3-O-(CH_2-O)_n-CH_3$

$PODE_n$

高浓度甲醛单体

图1-1   三聚甲醛的基本性质

等瓶颈问题。全世界80%的POM产品都是用三聚甲醛生产的。截至2022年，全球POM的年产量约为1.60×10^9kg，相应的三聚甲醛需求量约为1.28×10^9kg。目前主要是杜邦、泰科纳和巴斯夫公司占领整个美洲和欧洲的POM市场，日本的市场主要由宝理、旭化成和三菱瓦斯化学占领。由于我国聚甲醛的生产装置陈旧、生产技术落后，导致聚甲醛产品结构单一、质量不稳定，大部分聚甲醛产品是中低端产品，且供应严重过剩，先进成熟的聚甲醛生产工艺被国外公司垄断，所以我国每年仍需进口30万吨左右聚甲醛，面临着巨大的自主生产困难，而归根究底的任务仍然是提升三聚甲醛的生产技术水平[4, 5]。

三聚甲醛的另一个重要应用则是合成聚甲醛二甲醚[CH_3—O—(CH_2—O)$_n$—CH_3，简称$PODE_n$]，聚甲醛二甲醚又称聚甲氧基二甲醚[6, 7]。经济的发展以能源为根本，而石油一直是全球人民追求的主要能源之一，我国作为一个能源生产的大国，对能源的需求一直是只增不减。石油可炼制汽油、煤油、柴油等下游产品，而其中柴油占比最大。但柴油的燃烧会生成大量导致城市污染的颗粒物和氮氧化合物（NO_x）[8, 9]。1948年聚甲醛二甲醚首次由杜邦实验室合成，$PODE_{3-4}$是一种世界级的环保型燃油组分，添加到柴油中能达到以下两种效果：第一是改善发动机的燃烧质量，大大减少尾气中颗粒物$PM_{2.5}$的含量；其次是明显提高了普通柴油的十六烷值和润滑性[10]。后续又研究了$PODE_{2-8}$作为添加剂添加进柴油中，因为$PODE_{2-8}$的蒸气压、溶解性和沸点更接近柴油，所以将$PODE_{2-8}$用作柴油的添加剂不仅能减少尾气中颗粒污染物和NO_x、CO等有毒气体，还能够改善柴油发动机中的燃烧情况，提高柴油的热效率[11]。

三聚甲醛还可以替代无水甲醛进行反应，甲醛是一种重要且基础的有机化工原料[12]，但是在各类甲醛的需求反应或产业中，很多的反应都需要无水环境，因为水的存在会引发一系列的副反应，进而影响产物转化率、产品质量等，更严重的情况是导致反应无法进行或者失败，因此很多忌水反应都会要求反应体系无水，而三聚甲醛则是一种理想的替代品。工业上通常采用三聚甲醛在非水溶剂中解聚得到无水甲醛，溶剂一般使用醇类溶剂。无水甲醛的实质是甲醛和非水溶剂的混合物，但甲醛性质较为活泼，很多时候避免不了与溶剂中的物质发生反应，故工业上有时称多聚甲醛及三聚甲醛为无水甲醛[13]；它是彩色照片中的稳定剂，也是日常生活中烟熏剂、杀虫剂的主要成分，亦可制备工业成型材料，还是黏结剂、消毒剂、抗菌药等精细化工品的基本有机化工原料。三聚甲醛是甲醇下游发展的重要平台化合物，甲醇是一种可以由煤、天然气及生物质资源制备的基础化工产品，我国目前存在甲醇产能过剩的问题，而甲醇经催化氧化是可以转化为三聚甲醛的。根据专利《甲醇催化氧化制备三聚甲醛的方法》中阐述，甲醇通过高效的氧化催化剂，在含氧气氛下反应可获得三聚甲醛，此方法缓解了传统甲醇氧化过程中环境的压力，简化了三聚甲醛的制备。随着中国经济的增长，对三聚甲醛的需求呈连年递增态势，大力发展三聚甲醛工业将能大大吸收甲醇工业过剩产能，推动我国煤化工产业的发展[14-20]。

1.2 三聚甲醛的生产

合成三聚甲醛最常用的原料是甲醛水溶液，通常以37%甲醛水溶液进行蒸馏提纯，浓缩至65%左右进行反应。甲醛易溶于水，甲醛水溶液是一种无色但是有强烈的刺激性气味的液体[21]。甲醛在水溶液中的存在形式为线性聚氧乙烯醚[$HO(CH_2O)_nH$]，如式（1-1）~式（1-3）所示[22-31]。

$$CH_2O + H_2O \xrightleftharpoons{催化剂} HOCH_2OH \qquad (1-1)$$

$$2HOCH_2OH \xrightleftharpoons{催化剂} HOCH_2OCH_2OH + H_2O \qquad (1-2)$$

$$HOCH_2OCH_2OH + HO(CH_2O)_{n-1}H \xrightleftharpoons{催化剂} HO(CH_2O)_nH + H_2O \qquad (1-3)$$

而三聚甲醛为无色针状晶体，熔点为64℃，沸点为114.5℃，亦可溶于水、乙醇、酮、苯等溶剂。通常使用酸性催化剂催化甲醛合成三聚甲醛，其反应如式（1-4）所示。

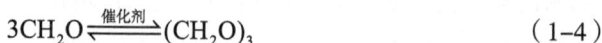

$$3CH_2O \xrightleftharpoons{催化剂} (CH_2O)_3 \qquad (1-4)$$

甲醛合成三聚甲醛的反应机理是：在质子酸催化下，氢离子结合低分子链状聚合物，与羟基中的氧原子结合生成氧𬭩离子，脱去一个水分子生成碳正离子。当羰基阳离子进一步攻击分子内的氧原子时，会发生分子间环化。最终，一个分子的三聚甲醛被移除。长链上剩余的原子则继续反应。如式（1-5）、式（1-6）所示，故在反应中布朗斯特（Brønsted）酸性位点在反应中发挥了主要作用[32, 33]。

$$H_3O^+ + HO(CH_2O)_nH \xrightleftharpoons[]{\text{催化剂}} H_2O^+CH_2O(CH_2O)_{n-1}H + H_2O \qquad （1-5）$$

$$H_2O^+ CH_2O(CH_2O)_{n-1}H \xrightleftharpoons[]{\text{催化剂}} C^+H_2(CH_2O)_{n-1}H + H_2O \qquad （1-6）$$

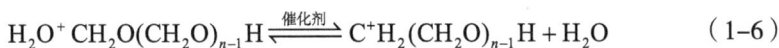

我国对三聚甲醛的需求量较高，其具有广阔的市场前景。然而我国三聚甲醛生产技术落后，主要依赖进口或外资公司在国内建厂生产。因此，我国提高三聚甲醛的生产技术水平具有重大的意义。

在三聚甲醛的生产流程中，除了对原料品质的把控，最关键的还是挑选催化剂。催化剂在反应中起着至关重要的作用，它是反应的引发剂，催化剂的选择影响着产物的质量及选择性、原料的转化率以及副产物生成等有关问题。传统工业中仍然使用液体硫酸作为甲醛合成三聚甲醛的催化剂，随着经济的发展和社会的不断进步，在追求产量的基础上，人们对环境保护问题越发重视，所以无毒、不含重金属、反应结束后废物处理简单的新型绿色高效催化剂成为人们研究的重点方向，对环境污染严重、废物处理困难的非环境友好型催化剂，即使活性很高也终将被淘汰。因此，反应活性高、对环境友好的新型催化剂的开发与发展具有重大的意义。

1.3 国内外合成 TOX 的发展现状与趋势

1.3.1 液体酸催化剂

硫酸作为三聚甲醛液相聚合中广泛应用的强质子酸催化剂[34-36]，具有活性高、价格低、工艺路线成熟等优势，并且生产的三聚甲醛能够符合生产聚甲醛的要求，已实现工业化生产[37]。如图1-2所示为硫酸法甲醛合成三聚甲醛的工艺流程。

张先明等人对甲醛+三聚甲醛+硫酸+水体系进行了系统的计算，结果表明在合成过程中硫酸不仅起到了催化的作用，同时也是三聚甲醛的萃取精馏剂。硫酸可以增加三聚甲醛相对于水和甲醛的相对挥发度，意味着其有益于体系的气液相分离，可以增加气相馏出物中三聚甲醛的浓度[38]。但是当硫酸浓度超过8%（质量分数）时，会生成大量的副产物而降低三聚甲醛的产率[39]。并且甲酸可以进入三聚甲醛和水的共沸物中，会对设备造成严重的腐蚀。即随着硫酸催化剂浓度的增加甲酸浓度也会增加，这会导致产物分离困难、能量耗费巨大，所以寻找新的催化剂和催化体系是有重要意义的[17]。

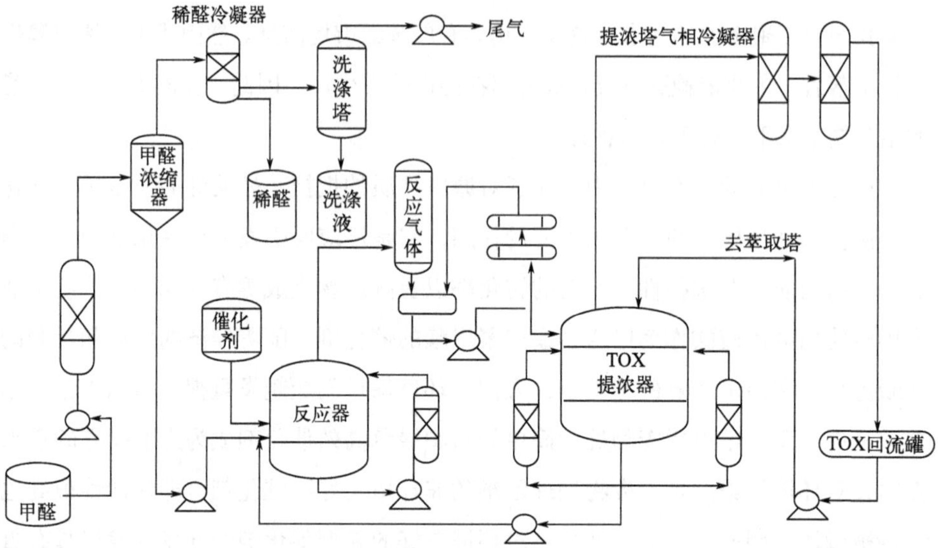

图1-2　硫酸法甲醛合成三聚甲醛工艺流程

在硫酸催化甲醛合成三聚甲醛研究的基础上进行探索，Yin等人[40]发现分别将NaHSO4，Na2SO4，NaH2PO4，Na2HPO4，KCl，NaCl，LiCl，ZnCl2，MgCl2，FeCl3加入到硫酸催化的体系中会产生不同的影响，如表1-1所示。前四种盐会降低三聚甲醛的产率，因为它们会生成NaHSO4，H3PO4和NaH2PO4，从而降低溶液中H+的浓度。后六种盐可以通过提高三聚甲醛与水和低聚物的相对挥发度，从而提高三聚甲醛在馏出液中的浓度。通过在体系中加入合适的盐，不仅明显提高了三聚甲醛的转化率，而且大大降低了硫酸的浓度，因此也降低了副产物的浓度。

但是硫酸+盐的体系仍然是在水溶液中进行的，而水与三聚甲醛会形成共沸物。为了避免这种情况的出现，许多研究人员随即进行了不同的尝试。Tanaka等人[41]发现三聚甲醛的浓度可以被超临界流体从三聚甲醛+水+甲醛体系中萃取到20%～65%。随后使用二氧化碳超临界流体作为溶剂，并且用硅胶负载的磷酸作为催化剂，成功合成了三聚甲醛[41]。与传统的有机溶剂相比，这种液体在常压下更容易气化。考虑到三聚甲醛从反应混合物中分离，超临界流体是较好的选择，因为只需在较小的温度或压力变化下改变其密度即可调节三聚甲醛的溶解度，并且流体作为反应溶剂可以重复使用。使用超临界流体作为溶剂虽然对于环境友好，但是也难以控制，对于操作要求较高，限制了其大规模的应用。Ma等人[42]通过使用不同非质子有机溶剂进行反应，比较发现使用环丁砜作为反应溶剂会使三聚甲醛的产率大幅度提升的同时使甲酸浓度显著降低，同时讨论了酸的种类、酸的强度、催化剂的体系和反应温度对产率的影响。研究结果表明，使用甲基磺酸+甲基磺酸钠+环丁砜作为反应体系，三聚甲醛的产率可达到68.97%，而甲酸的浓度大约为1000mg/kg。该方法与工业水相合成三聚甲醛的方法相比，收率提高了5倍以上，甲酸浓度降低至原来的10%。这是因为在环丁砜介质中合成三聚甲醛可以克服消耗甲醛形成聚合度更高的聚合物[poly（oxymethylene）gly cols，MG_n]（$n \geq 1$）以及由于巨大的潜热而产生的能量消耗所引起的损耗问题，从而实现更高的反应性和选择性。

表1-1 添加不同的盐对TOX转化率和时空产率（STY_{TOX}）的影响

酸和盐	转化率/%	STY_{TOX}/[g/(h·L)]
0.4 mol/L H_2SO_4	18.07	47.51
0.4 mol/L H_2SO_4+ 1mol/L KCl	19.08	49.42
0.4 mol/L H_2SO_4+ 1mol/L NaCl	22.07	55.17
0.4 mol/L H_2SO_4+ 1mol/L LiCl	27.20	63.28
0.4 mol/L H_2SO_4+ 1mol/L $ZnCl_2$	28.79	64.56
0.4 mol/L H_2SO_4+ 1mol/L $MgCl_2$	30.63	67.89
0.4 mol/L H_2SO_4+ 1mol/L $FeCl_3$	38.47	86.89
1mol/L/ H_2SO_4	23.06	58.20

　　总体而言，硫酸加水的体系仍然是工业上主要的合成方法，但其存在能量耗损严重、产物产率低、生产设备腐蚀严重等缺点，导致生产成本提升。所以为了降低生产成本，使用非质子溶剂是一种良好的方法，但是还需要进一步研究。这种方法美中不足的是：仍然需要液体酸催化剂催化反应，而液体酸催化剂酸性太强会引起甲酸含量增加，同时会对设备造成腐蚀；催化剂酸性太弱又会使得三聚甲醛的产率过低，无法起到催化的作用。所以寻找代替硫酸催化体系的催化剂对工业应用具有重要意义。

1.3.2   离子液体催化剂

离子液体因为其催化活性较高、热稳定性好、不易挥发和可设计性等优点在化学工艺中已被用来取代硫酸和盐酸等传统的液体酸[43-45]。离子液体的高产率、高选择性如图1-3所示。

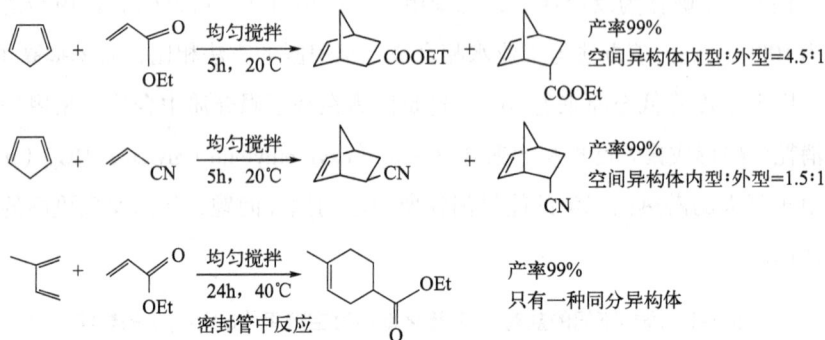

图1-3   离子液体的高产率、高选择性[46]

近年来，离子液体作为酸性催化剂也被用于三聚甲醛的制备。首先，离子液体催化剂的腐蚀性很低，对设备没有特殊的要求；其次，在甲醛浓度高达80%的情况下进行反应，亦可生成三聚甲醛并且保证不析出多聚甲醛；最后，与其他催化剂相比离子液体作为催化剂催化反应的用量较小。2006年，中科院兰州化学物理研究所自主研发了离子液体并且完成了离子液体作为催化剂合成三聚甲醛工艺的研究。2009年兰州化学物理研究所研究的离子液体合成工艺取得了中试的成功，其专利中阐述了使用离子液体作为催化剂催化甲醛生成三聚甲醛反应，提高了三聚甲醛的质量，为三聚甲醛的合成提供了新的思路[47]。Zhao等人[48]首次使用间歇反应实验研究了不同酸性的离子液体结构对三聚甲醛的选择性和活性的影响。结果表明三聚甲醛的产率与相应离子液体的水溶液的酸强度（H_0）成反比，并且指出阳离子结构[NOP]+和[NCyP]+对于三聚甲醛的产率影响不大，但是不同的阴离子对于结果的影响比较大。从表1-2中可以看出在连续反应中离子液体[NCyP][TfO]在反应时间为5h时催化所得三聚甲醛的产率不仅高于硫酸，而且甲酸的含量也大大降低。虽然经过多次间歇反应，离子液体作为催化剂催化甲醛生成三聚甲醛中甲酸含量明显降低，但是其催化性能并没有展现出比硫酸更优异的效果。

表1-2 添加不同的盐对TOX转化率和时空产率的影响

酸和盐	TOX/%	甲酸/（g/g）	TOX/%	甲酸/（g/g）
	t_r=2h		t_r=5h	
[NOP][MSA]	27.33	917	39.72	1654
[NCyP][TfO]	32.51	2037	48.89	3180
[NOP][DNBSA]	24.11	617	35.27	1033
H_2SO_4	47.35	4089	43.01	8576

为了解决甲醛水溶液或甲醛气体合成三聚甲醛的问题，可以使用非质子溶剂与多聚甲醛为溶质的体系合成三聚甲醛。但是在反应过程中需要先在高温条件下使得多聚甲醛分解为甲醛并溶解于非质子溶剂，然后再降低温度使得甲醛环化生成三聚甲醛。此方法实验操作较复杂，而且不同的反应温度必然会增加能耗。马炜婷等[49]首次使用环丁砜+离子液体+多聚甲醛体系在相同温度下合成三聚甲醛。结果表明咪唑类和吡咯烷酮类的离子液体作为催化剂催化甲醛生成三聚甲醛，不仅会大大降低副产物甲酸的含量，同时三聚甲醛的收率也优于硫酸、高氯酸、三氟甲基磺酸等。

相比传统使用硫酸作为催化剂的工艺，使用离子液体作为催化剂催化甲醛生成三聚甲醛的反应具有对产物选择性高、副产物少、对设备腐蚀性低、操作过程较为简单、可控性强等优点，但是中试成功应用的离子液体催化剂价格高达128000美元/t。虽然离子液体的价格比较昂贵，对投入工业化生产阻碍较大，但是离子液体具有可设计性的优势，并且可以通过优化正负离子的组合来调节对三聚甲醛的选择性和活性[17, 45]。所以揭示离子液体催化合成三聚甲醛生成反应的机理，对寻找一种价格低廉、催化活性较高的离子液体是有重大意义的。

1.3.3 固体酸催化剂

固体催化剂最早用于催化合成三聚甲醛的是阳离子交换树脂[50]。阳离子交换树脂是一种拥有较复杂反应机理的固体催化剂，其分解机理如图1-4所示。树脂分解包括以下五个机制：自氧化、过氧基团的重排、芳香基团的迁移、亚甲基迁移、Baeyer–Villiger反应[51]。

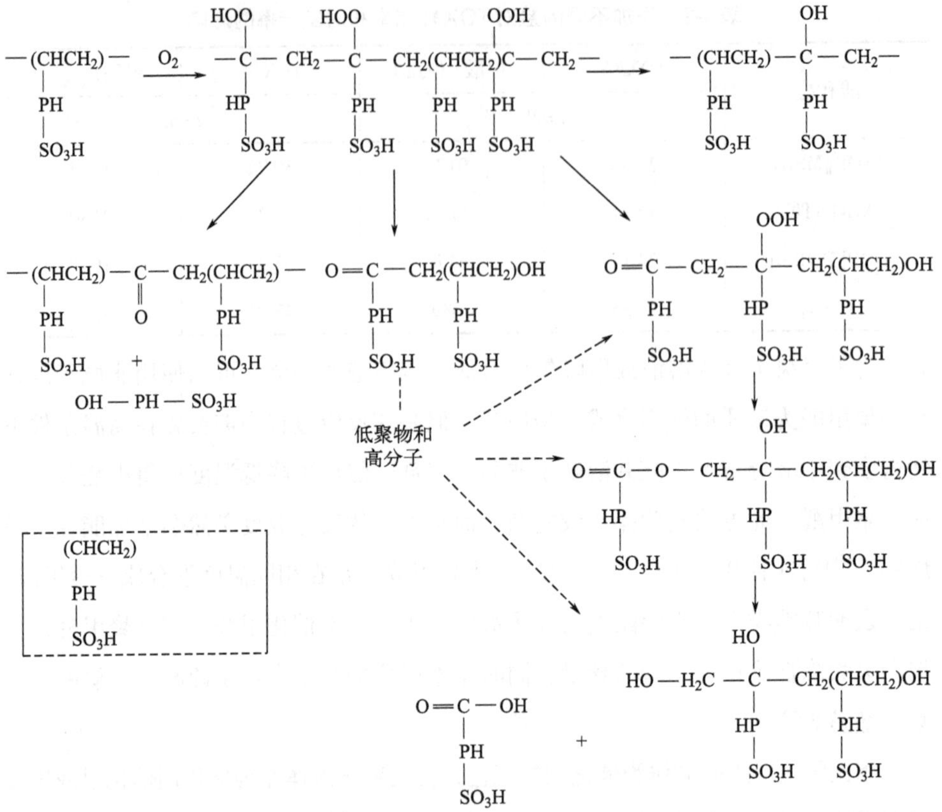

图1-4 阳离子交换树脂的分解机理[52]

为了增加阳离子交换树脂的催化活性，人们也逐渐将目标转向开发负载型阳离子交换树脂催化剂。图1-5为以$AlCl_3$改性阳离子交换树脂举例，与磺酸型阳离子交换树脂发生配位络合反应，图1-5（b）为强质子受体，其发生反应的机理与超强酸溶液中正碳离子作用相类似，即络合的Al离子量越多，催化剂酸性就越大，催化效能也就越强[53]。

日本旭化成公司开发并使用带有磺酸基的大孔径阳离子交换树脂作为催化剂，将67%甲醛、3%甲醇和30%水的混合溶液作为原料加入到精馏塔中，馏出液中三聚甲醛含量高达48.2%，而其副产物含量仅为0.34%。同年，为了提供一种在固体酸催化剂存在情况下由甲醛水溶液生产三聚甲醛的实用且经济的方法，日本宝理塑料公司提出了使用包括两个功能步骤的生产设备从甲醛水溶液中生产三聚甲醛的方法，该过程第一步是用强酸型阳离子交换树脂脱除原料甲醛溶液中的金属杂质（这是因为痕量金属离子的存在是阻碍催化剂长时间稳定性操作的重要因素）；第二步是在带有夹套的塔内装填强酸型阳离子交换树脂催化甲醛合成三聚甲醛[50]。但是强酸型阳离子交换树脂存在热稳定性差、活性中心容易脱落等不足之处。

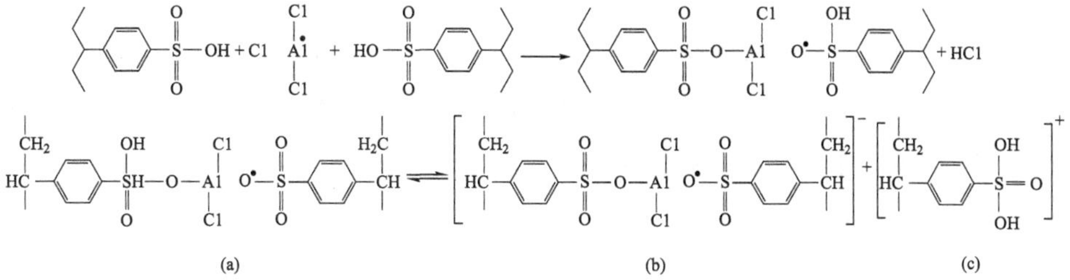

图1-5 AlCl₃改性阳离子交换树脂与磺酸型阳离子交换树脂反应产生超强酸[54]

杂多酸（HPA）是一种较为典型的超强Brønsted固体酸，因为其独有的高质子流动性特性，所以在酸催化反应中表现出优异的催化性能，其酸性位点示意如图1-6所示。早在1999年Masamoto等人[55]已经展开关于杂多酸作为三聚甲醛合成催化剂的研究。研究表明在反应条件为常压、100℃下，使用杂多酸作为催化剂催化甲醛生成三聚甲醛比硫酸作为催化剂效果更好，在保证产物三聚甲醛具有相同的选择性的情况下，杂多酸作为催化剂时甲醛的转化率更高。当以55%的甲醛溶液作为原料时，杂多酸作为催化剂不会生成多聚甲醛，而硫酸作为催化剂会生成多聚甲醛。但是杂多酸作为催化剂反应活性略低于硫酸，在相同的用量、反应时间和温度情况下杂多酸的转化率低于硫酸。固体酸催化剂虽然具有可回收利用、反应物与产物易分离等巨大优势，但是杂多酸也有一些难以解决的缺点，如杂多酸的酸性位点负载量低、传质阻力大，通常需要较高的反应温度和较长的时间才能达到较理想的原料转化率和产物产率。碳基材料具有较高的比表面积和较快的传质速率，所以以碳基材料作为载体可以提高其催化性能。关键等人[56]以活性炭（AC）为载体通过浸渍法成功负载了不同含量的磷钨酸（PW₁₂），制备了负载型PW₁₂/AC催化剂并且考察了负载量、焙烧温度对于催化剂结构及活性的影响。结果表明随着磷钨酸负载量的增多，催化剂表面从单层分子高度分散状态到多层分散状态，同时在负载量大于50%之后催化剂的比表面积开始下降。在负载量为20%～50%之间催化剂的催化活性随着负载量的增大而增加，而当负载量超过50%时，催化剂的活性随着负载量的增大而降低。将磷钨酸负载在活性炭上增加了其热稳定性和比表面积，提高了其催化性能。2007年，林陵等人[57]使用以10%硝酸溶液处理过的活性炭为载体，采用不同质量分数的硅钨酸（SiW_{12}）溶液为浸渍液，制备了不同负载量的SiW_{12}/AC催化剂。通过X射线衍射（XRD）发现AC上负载的SiW_{12}含量在20%～60%范围内仍保持着Keggin结构，并且随着负载量的增加，其SiW_{12}的特征峰越明显。SiW_{12}/AC催化剂催化浓甲醛合成三聚甲醛的催化活性主要取决于催化剂表面的SiW_{12}/AC分散度、总酸量和中强酸强度。使用AC作为载体是为了提高催化剂的热稳定性。事实证明碳基材料在提升催化剂的活性方面有着积极的意义，但粉末形态的碳基材料反应结束后在与产物分离方面有着巨大的困难。

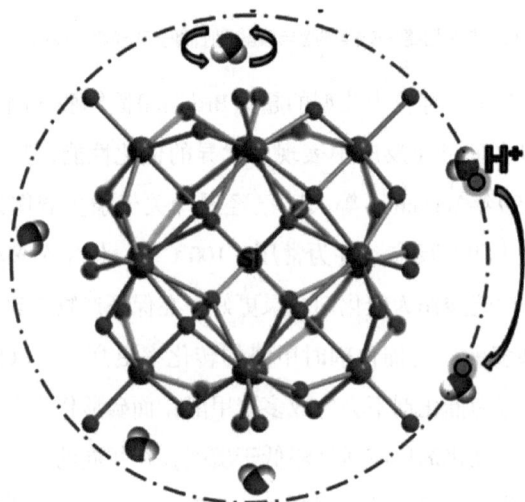

图1-6　杂多酸的活性位点

阳离子交换树脂虽然比硫酸有更高的转化率和选择性，但是也存在一些问题，比如固体酸催化剂使用量高、对甲醛的浓度要求高并且对设备的投资要求高，所以工业上很少用它作为催化剂来生产三聚甲醛。而杂多酸有两个重要缺点，严重限制了其应用。第一，杂多酸的比表面积较小导致提供的活性位点就比较少；第二，杂多酸极易溶于极性溶剂，反应结束后回收再利用的成本昂贵。想要将杂多酸广泛运用于工业生产，需要将杂多酸负载于具有高比表面积的多孔材料上，实现同时提高其催化活性和循环使用性能的目标[58]。

除了负载型的固体杂多酸催化剂和阳离子交换树脂催化甲醛合成三聚甲醛外，分子筛与多孔介质材料应用于三聚甲醛合成领域也受到关注[59]。

　　分子筛作为固体催化剂表现出很好的分离及再生特性，具有较高的比表面积、丰富的孔道结构、优良的酸性质、较低的成本及对环境友好的特性，已被广泛用于生产生活中。分子筛是一种均匀结晶微孔材料，骨架由硅氧四面体$[SiO_4]^{4-}$和铝氧四面体$[AlO_4]^{5-}$通过氧桥键连接形成[60]，如图1-7所示。其组合方式有：四面体按不同方式组合为多元环（例如六元环、八元环、十二元环等），环通过桥氧键相互连接成立体的多面体，其中成为空腔的则为笼状，如六方柱笼、立方体 γ 笼、α 笼、β 笼等，笼结构再进行排列组合成为各种立体的沸石骨架结构[61-63]。

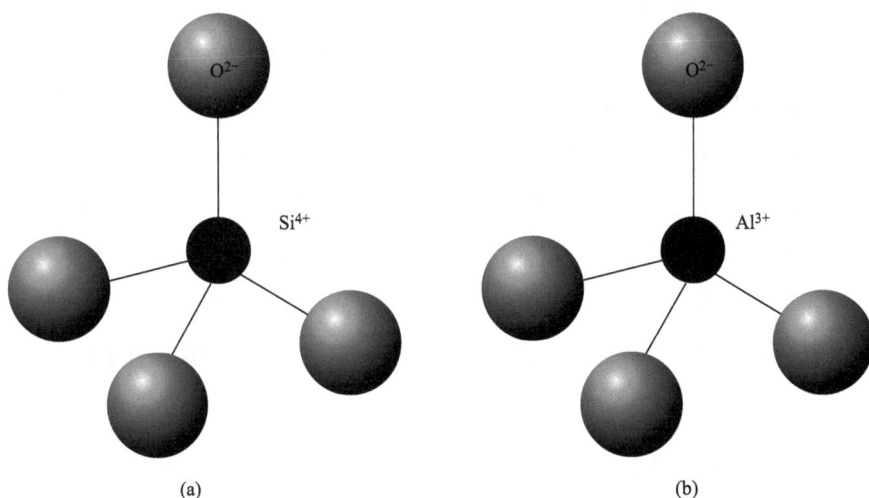

图1-7 分子筛中的硅氧四面体（a）和铝氧四面体（b）

　　沸石分子筛是具有三维框架结构的结晶性、微孔性分子筛。三维框架结构由硅、铝和氧组成，因此被称为铝硅酸盐，沸石可能含有空腔或通道，被离子和水分子占据。分子筛种类繁多，部分结构简图如图1-8所示。有天然矿物八面沸石 Y 型分子筛，Y 型分子筛经高温水蒸气脱铝后即可得到超稳 USY 型分子筛，广泛运用于重质油的催化裂化，且介孔改性后的 Y 型分子筛也可广泛应用于煤、生物质及其他含碳原料催化转化等领域[64]。具有十二元环的三维框架结构 β 分子筛是一种微孔分子筛，其作为最重要的催化材料之一，广泛运用于石油精炼及精细化工领域。Wang 等使用H-beta 研究了正己烷催化裂化选择性生产丙烯的反应，实现了低成本原料的高价值化转化[65]，尽管 β 分子筛在一系列催化反应中表现出优异的性能，但其广泛的应用仍然面临着挑战。例如，在合成中使用有机模板（如 TEAOH）仍然面临挑战，因为有机模板的使用不仅增加了成本，而且由于在高温煅烧中去除有机模板剂，导致了有机物的消耗，并且对环境也有污染。SUZ-4分子筛由英国石油公司BP于1992年首次合成，其由四、五、六、八、十元环组成。SUZ-4是一种有高选择性和稳定性的催化剂，广泛用于在甲醇脱水中生产二甲醚，因为形成的二甲醚几乎没有转化为碳氢化合物。Subbiah等人[66]研究了Cu离子交换的SUZ-4分子筛催化剂在乙烯选择催化还原NO$_x$反应中的活性。SAPO-34分子筛由Si、P、Al、O四种元素组成，中国科学院大连化学物理研究所以SAPO-34为核心催化剂开发出了DMTO技术，成功建设了世界首套百万吨商业项目——神华包头甲醇制备烯烃项目，经过不断的技术改进，使得生产乙烯和丙烯所需的原料——甲醇消耗量大大下降，大大节约了生产成本[67]。MCM-22是高硅沸石分子筛，结晶为薄片或者板状。它的内部结构包含两个独立的内部孔隙系统，可通过十元环孔隙进入。高浓度的外部沸石有12个环形开口，薄片晶体呈现六边形形态，单元的c轴垂直于薄片表面。MCM-22作为固体酸催化剂已被广泛应用于许多具有工业应用前景的重要反应中，如一种钼改性的MCM-22催化剂已被用于甲烷脱氢芳烃化，表现出的结果为MCM-22作为催化剂，苯的产量较高，萘的产量较低；且其也可以作为有效吸附剂，用于除去水溶液中的碱性染料[68]。

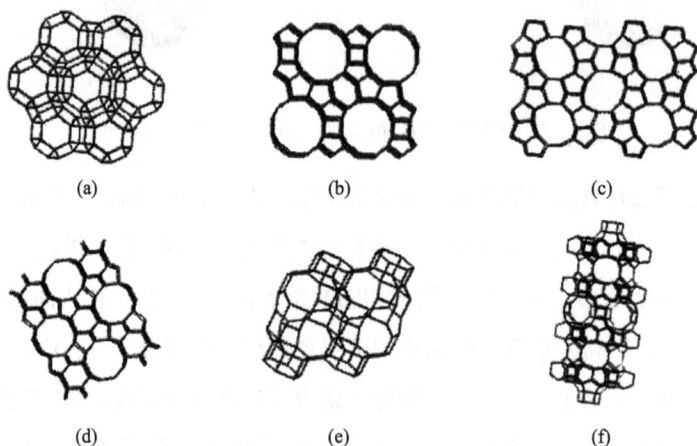

(a)　　　　　　(b)　　　　　　(c)

(d)　　　　　　(e)　　　　　　(f)

图1-8 分子筛USY（a）、β（b）、ZSM-5（c）、SUZ-4（d）、SAPO-34（e）、MCM-22（f）的结构简图

ZSM-5分子筛是典型的MFI拓扑结构，属于正交体系，晶胞参数a=20.07Å（1Å=10^{-10}m），b=19.92Å，c=13.42Å，骨架密度为17.9T/1000Å^3。晶胞中Al原子

数在0～27范围内变化，硅铝比范围则更广。ZSM-5特征结构由八个五元环组成，称为[5^8]单元，具有D2d对称性。这些[5^8]单元通过共享边形成平行于c轴的五硅链，具有镜像关系的五硅链连接在一起形成带有十元环孔、呈波浪状的网层结构。网层结构连接形成三维骨架结构，相邻的面呈中心对称[69, 70]，如图1-9所示。ZSM-5的骨架由两种孔道体系组成，第一种是平行于a轴方向的十元环孔道，形状为S形，角度为150°，孔径为5.5Å×5.1Å；第二种是平行于b轴方向的十元环孔道，形状为直线形，孔径为5.3Å×5.6Å[71, 72]，如图1-10所示。ZSM-5分子筛不仅具有稳定的化学性质，易保存，成本较低，还可以通过控制合成手段来调节酸性质，是石油化工及煤化工领域最重要的催化剂之一[73]，并且其易于与产物分离等，无疑是甲醛生产三聚甲醛的催化剂的主要探究方向。

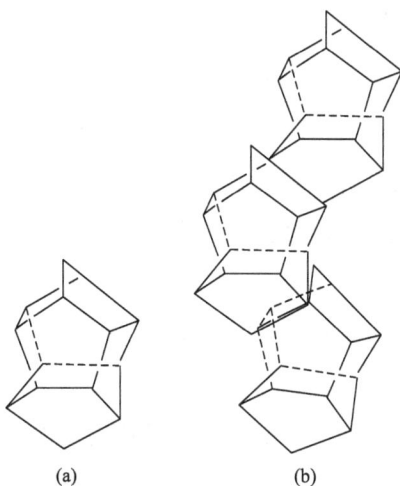

图1-9 ZSM-5的特征结构（a）
以及ZSM-5的链系（b）

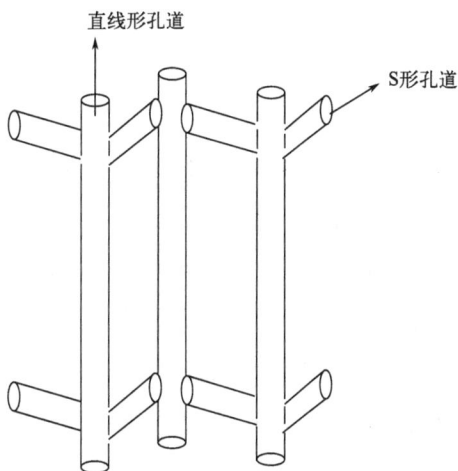

图1-10 ZSM-5孔道结构

1.4 分子筛的酸性质对反应的影响

分子筛按酸强度的不同分为强酸中心和弱酸中心，按酸类型的不同分为布朗斯特（Brønsted）酸中心和路易斯（Lewis）酸中心，Brønsted酸是指能给出质子（H$^+$）的物质，Lewis酸是指能接受电子对的物质。两者是一对共轭体，Brønsted酸性位点脱水即可得到Lewis酸性位点[74]，而作为分子筛来说，其Brønsted酸性位点与Lewis

酸位点产生的过程为：金属阳离子（多为铝离子）的加入导致骨架带负电荷，从而产生Brønsted酸中心，而后分子筛经过离子交换和高温焙烧等操作负载了金属离子或者氧化物等产生了Lewis酸中心，如图1-11所示。

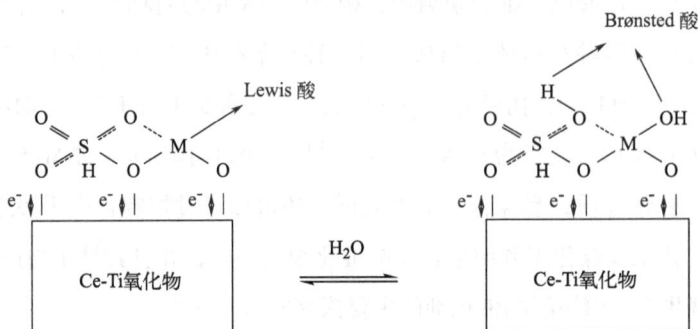

图1-11　分子筛酸中心产生原理

　　早在1934年，Whitmore[75]就提出了固体表面酸性位点即活性中心的概念，引发了人们对固体酸催化剂活性与酸性的研究。Grenall[76, 77]定量研究了蒙脱土催化剂的酸量，并证明了催化剂的催化活性与其酸量有关。Thomas等人[78]研究了催化剂中Si/Al原子比与催化剂酸量之间的关系，为日后合成分子筛催化剂提供了指导。1950年，Milliken等人[79]给出了硅-铝催化剂的Lewis酸中心结构示意图。在此基础上Tamele和Hansford[80, 81]又提出了Lewis酸中心与水作用形成Brønsted酸中心的观点。Benesi[82]量化研究裂化催化剂的酸性强弱时，引入了酸强度（H_0）的概念。Moscou等[83]研究分子筛催化剂的酸性时发现，催化剂的活性与其H_0有关，并首次用H_0划分强酸中心和弱酸中心。Matsuhashi等[84]认为，USY分子筛裂化活性的增加与Brønsted酸中心强度增加密切相关。Degnan等[85]在研究催化裂化催化剂发展史时总结了Brønsted酸的形成过程，提到高岭土结构中，由于铝原子空轨道吸引水分子中氧原子外层的孤对电子，即吸引OH$^-$，产生H$^+$，形成Brønsted酸中心。ZSM-5分子筛四面体位置的Al^{3+}使得分子筛骨架呈超量负电荷，需要阳离子平衡电荷使分子筛整体呈电中性。当质子H$^+$作为平衡离子时，分子筛就是固体Brønsted酸催化剂，加上沸石分子筛具有规则的纳米孔道结构，故分子筛是催化甲醛生成三聚甲醛的较优催化剂[86-89]。

　　而前文已叙述过甲醛生成三聚甲醛反应是Brønsted酸催化反应，分子筛催化甲醛合成三聚甲醛的反应机理如图1-12所示。

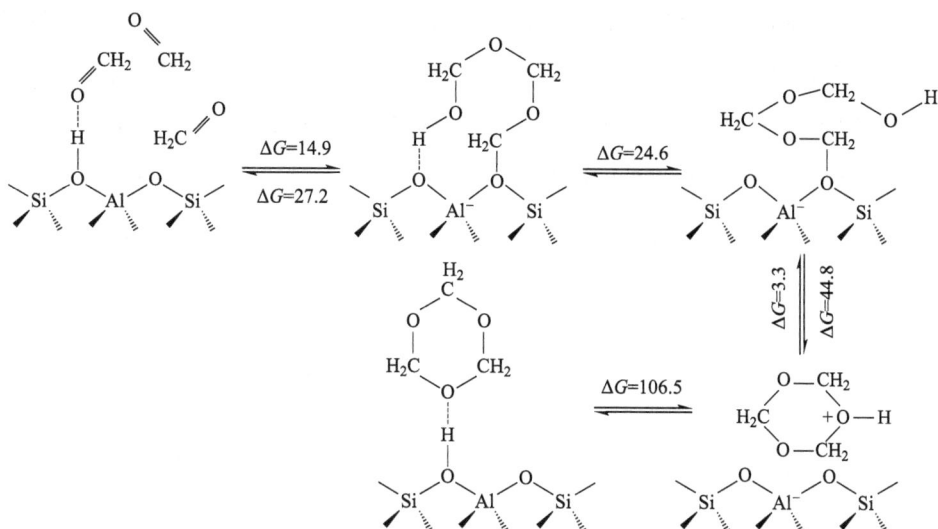

图1-12　分子筛催化甲醛合成三聚甲醛

而Lewis酸的存在会发生Cannizzaro或Tishchenko等副反应，降低三聚甲醛的选择性[90, 91]。根据Martin等人[90, 92]的报道，甲醛在水溶液中以亚甲基二醇的形式存在，其能以图1-13所示方式电离，其中化合物（b）比化合物（a）能更快地接受氢化物离子。

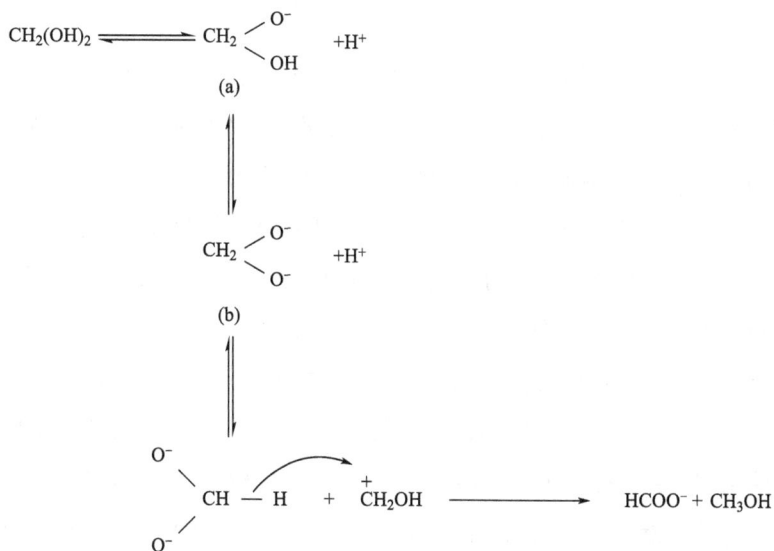

图1-13　甲醛在水溶液中的电离方式

在分子筛存在下甲醛发生歧化反应的机理为金属离子活化甲醛上的羰基的氧原子，形成碳正离子，再形成二氧二甲醚，进而生成甲酸盐、甲醇盐等，还会发生酯化反应生成甲酸甲酯等副产物[93-95]，故ZSM-5分子筛的酸性质调控对反应有非常重要的影响。反应过程如图1-14所示。

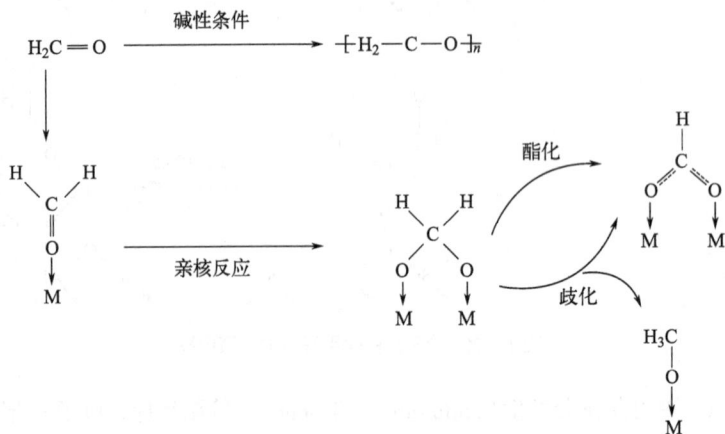

图 1-14　甲醛的歧化反应过程

1.5　沸石催化合成反应研究进展

付梦倩等人[96]采用60%的甲醛水溶液为原料（课题组之前的研究表明，无论是以硫酸还是液体酸为催化剂，当硫酸浓度高于70%时，甲醛容易聚合形成甲醛聚合物沉积在反应釜中，从而降低甲醛的转化率，这也是工业上一般采用60% ~ 65%的甲醛溶液作为原料的原因），以HZSM-5作为催化剂合成三聚甲醛。研究了HZSM-5分子筛Si/Al比对反应的影响以及不同反应温度、催化剂用量、原料浓度对三聚甲醛合成和副反应的影响，并且通过重复实验评价了催化剂的稳定性。结果表明，在以硅铝比为100的分子筛为催化剂，反应温度120℃，m（催化剂）/m（原料）=1/20，反应时间2h的条件下，三聚甲醛的选择性为82.67%。催化剂重复使用5次后其催化效果未见明显下降，稳定性较好。但是HZSM-5对于三聚甲醛的选择性仍然不高，相比于传统催化剂也并无明显优势，所以还需进一步研究。叶宇玲等人[97]分别以四丙基氢氧化铵、四丙基溴化铵、正丁胺和季戊四醇为模板剂水热合成 ZSM-5 分子筛，研究了模板剂对 ZSM-5 分子筛性质及甲醛制三聚甲醛催化性能的影响。结果表明，通过改变模板剂可改变 ZSM-5 分子筛的酸中心分布、表面酸性质和粒径；较大空间的孔道交叉位置的酸中心、小催化剂粒径和高表面 Brønsted 酸/Lewis 酸比值有利于提高三聚甲醛选择性。以四丙基氢氧化铵为模板剂合成的 ZSM-5 分子筛的颗粒尺寸为 240nm × 240nm × 150nm，分布于直形孔道和 S 形孔道的孔道交叉处的 Brønsted 酸中心较多，甲醛转化率和三聚甲醛的选择性分别为 30.15% 和 88.35%。此后，本课题组合成了一系列不同硅铝摩尔比的 ZSM-5 分子筛催化剂，研究了 ZSM-5 分子筛中 Brønsted 酸性位点和 Lewis 酸性位点对甲醛合成三聚甲醛反应的影响。结果表明，硅铝摩尔比为 250 的 ZSM-5 分子筛具有合适的 Brønsted 酸中心，同时 Lewis 酸中心较少，可有效抑制甲酸、甲醇、甲酸甲酯等副产物的生成，提高三聚甲醛的选择性。

第 2 章
X-MFI 催化合成三聚甲醛研究进展

2.1 概述

据前文已提到的甲醛浓度若高于70%，甲醛容易聚合形成甲醛聚合物积淀在反应釜底，从而大大降低甲醛的转化率，所以甲醛合成三聚甲醛通常采用65%左右的甲醛水溶液为原料，以Brønsted酸为中心的催化剂催化甲醛合成三聚甲醛。

催化剂的研究进展中常用的催化剂有液体催化剂和固体催化剂，液体催化剂如硫酸[98]、离子液体[48, 99]，存在的缺点很多，如对设备腐蚀性强、反应液体难以与催化剂分离、副产物多等。故在反应研究过程中，偏向于使用固体催化剂进行反应。1934年，Whitmore[75]就提出了固体表面酸性即活性中心的概念。常用的固体催化剂有蒙脱土，Grenall等人[76, 77]定量研究了蒙脱土催化剂的酸量，并证明了催化剂活性与酸量的关系，探讨了蒙脱土在三聚甲醛中的应用；Grützner等人[17]探讨了阳离子交换树脂在三聚甲醛中的应用；Dintzner等人[100]研究了镁碱沸石在乙醛酸催化三聚甲醛体系中的应用；付梦倩、叶宇玲等人研究了ZSM-5分子筛在三聚甲醛合成中的应用[96, 97]。大多数固体催化剂同时具有Brønsted酸中心和Lewis酸中心。以分子筛作为催化剂催化甲醛合成三聚甲醛的转化率和三聚甲醛的选择性都与液体催化剂相当，而相比于液体催化剂，分子筛作为固体催化剂，具有寿命长、稳定性高、易与产物分离等优点，凸显了固体催化剂的良好性能。

第1章已经叙述过甲醛生产三聚甲醛是Brønsted酸催化反应，而Lewis酸中心的存在会产生Cannizzaro反应而生成甲醇和甲酸，甲醇和甲酸进一步酯化生成甲酸甲酯[93-95]；甲酸也会通过Tishchenko反应[101, 102]生成甲酸甲酯。生成的副产物甲酸、甲醇、甲酸甲酯等会降低三聚甲醛的选择性，且甲酸还会腐蚀设备，因此调控分子筛的Brønsted酸性位点与Lewis酸性位点成为催化剂研究的主要方向。

综合各类分子筛酸性质得出ZSM-5具有较为可观的酸量及较高的Brønsted酸中心和较低的Lewis酸性位点，因此结合课题组对ZSM-5的已有研究，本章以ZSM-5分子筛为基础，介绍以第ⅢA族元素改性合成[T]-MFI-50分子筛，进而研究不同元素改性对分子筛的形貌、孔径、表面积、酸性质是否有影响，以及酸性质对甲醛合成三聚甲醛的影响。

2.2　催化剂表征

2.2.1　X射线粉末衍射

ZSM-5分子筛为MFI拓扑，具有三维孔隙体系。它由垂直的十元环直孔通道和横向的十元环正弦（S形）孔通道交叉组成。其XRD谱图如图2-1所示。所有样品的XRD图谱均呈现出MFI的拓扑结构特征。[Ga]-MFI-50、[Al]-MFI-50和[B]-MFI-50在$2\theta=7.8°$、$8.7°$、$23.1°$和$23.8°$处均存在衍射峰，分别对应（011）、（200）、（031）、（051）晶面。

分子筛相对结晶度具体数值如表2-1所示。另外，图2-1中没有发现关于其他B物种或Ga物种的特征衍射峰，说明B或Ga可能分散在MFI沸石的骨架中。

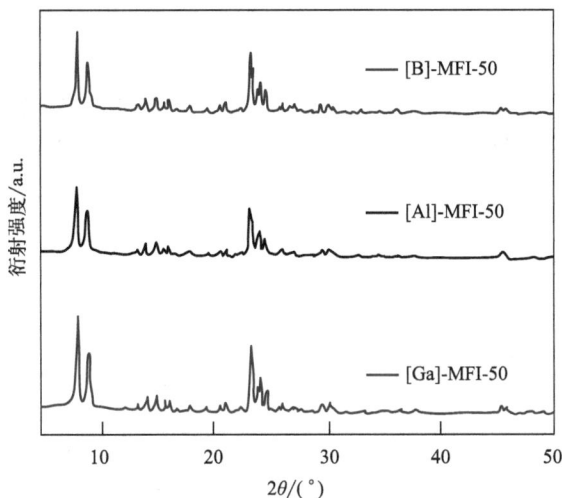

图2-1　[T]-MFI-50 分子筛的 XRD 谱图

2.2.2　X射线光电子能谱

图2-2（a）为[Al]-MFI-50的X射线光电子能谱（XPS）谱图，Al 2p结合能信号峰出现在74.2eV。这表明Al已经成功地引入到MFI沸石中。由图2-2（b）可知，Ga 2p_1的结合能为1143.4eV，Ga 2p_3的结合能为1118.1eV，说明[Ga]-MFI-50中的

Ga为+3价态[103]。而Ga₂O₃的结合能为1117.2eV，小于[Ga]–MFI–50中Ga的结合能。这说明Ga不以Ga₂O₃的形式存在[32]。从图2-2（c）可以看出，B 1s的峰值出现在192.5eV。这表明B已经成功地引入到MFI沸石中。

通过X射线荧光光谱分析（XRF）表征得到SiO₂和Al₂O₃/Ga₂O₃/B₂O₃的含量，结果如表2-1所示。从表2-1中的数据可以看出，[Al]–MFI–50和[Ga]–MFI–50的硅铝比或硅镓比较为接近50，而[B]–MFI–50的硅硼比为149.5。

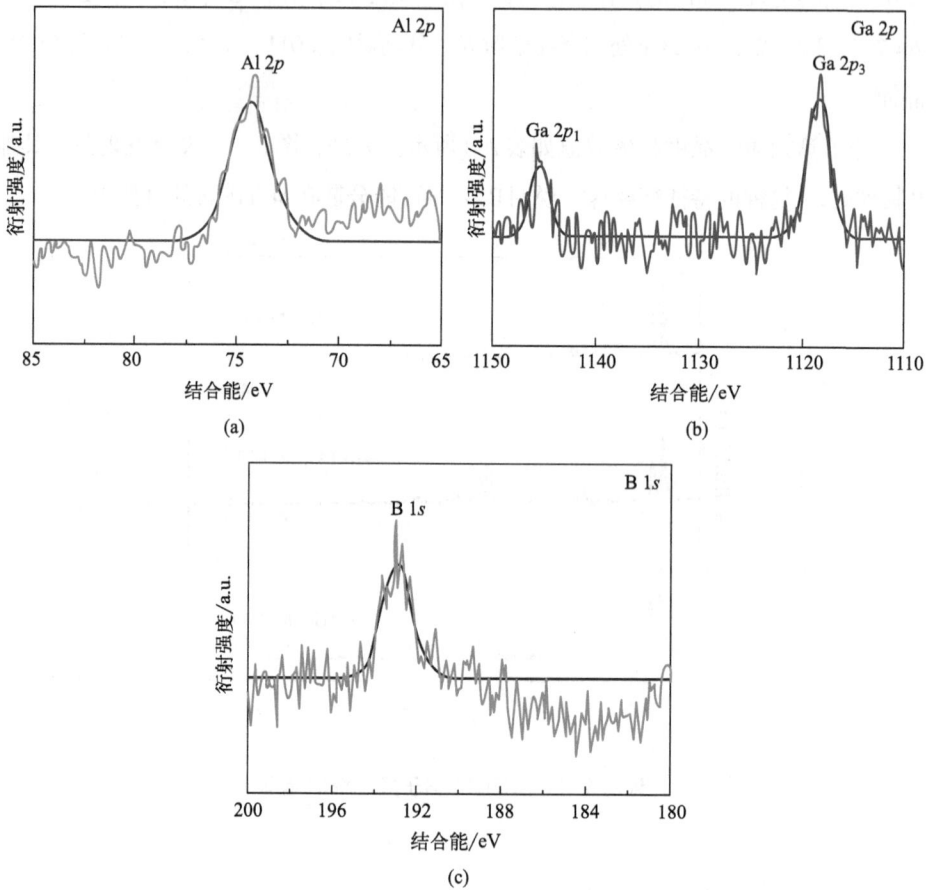

(a)

(b)

(c)

图2-2 [T]–MFI–50分子筛的XPS谱图

表2-1 样品的相对结晶度和ICP数据

样品	Si含量/%	Al/Ga/B含量[①]/%	Si∶Al/Ga/B	相对结晶度[②]/%
[Al]–MFI–50	98.04	2.11	46.3	100

样品	Si 含量 /%	Al/Ga/B 含量[①]/%	Si∶Al/Ga/B	相对结晶度[②]/%
[B]-MFI-50	98.73	0.66	149.5	98
[Ga]-MFI-50	98.65	1.44	68.4	97

① ICP-OES 表征结果。
② 样品的相对结晶度使用[Al]-MFI-50在（051）晶面处峰的相对强度作为100%结晶度。

2.2.3　固体核磁谱图分析

为了进一步确定Ga的位置，通过 ^{71}Ga MAS NMR表征了[Ga]-MFI-50中Ga的配位形式。通常在 ^{71}Ga MAS NMR在100 ~ 200之间出现的较宽的吸收峰被认为是属于四配位Ga物种的信号峰。图2-3（a）中为[Ga]-MFI-50的 ^{71}Ga MAS NMR谱图。结果表明，位于160处的信号峰证明了[Ga]-MFI-50的骨架中存在四配位的Ga物种。然而，在-7没有检测到六配位Ga物种的信号，这是Ga的低对称环境所引起的现象。[Ga]-MFI-50的 ^{29}Si MAS NMR谱图如图2-3（b）所示，其中位于-115和-106处的信号峰分别对应于骨架中的Q^4（0Ga）位点和Q^4（1Ga）位点。结合上述表征可以证明Ga被成功地引入到框架中[104]。

^{11}B MAS NMR在-3.6处的信号峰归属于沸石骨架中的四面体物种[图2-3（c）]，而在18.9处的信号峰则是属于骨架外的B物种。[B]-MFI-50的 ^{29}Si MAS NMR谱图如图2-3（d）所示，其中位于-106处的峰值对应于骨架中的Q^4（1B）位点。实验结果证明B-ZSM-5已被成功合成。

图2-3（e）为[Al]-MFI-50的 ^{27}Al MAS NMR谱图，在55处的信号峰证明了骨架中存在四面体配位Al物种。而0左右的信号为八面体配位的骨架外Al物种。

上述样品的 ^{1}H MAS NMR谱图如图2-3（f）所示。可以看出，[B]-MFI-50和[Al]-MFI-50的 ^{1}H化学位移分别为4.55和5.5，是属于酸性桥式羟基上 ^{1}H的信号。而[Ga]-MFI-y的 ^{1}H化学位移为5.1，说明Ga原子的引入略微降低了分子筛的酸强度。图2-3（f）出现在2.5左右的信号峰是材料中硅醇基团上 ^{1}H的位移峰。

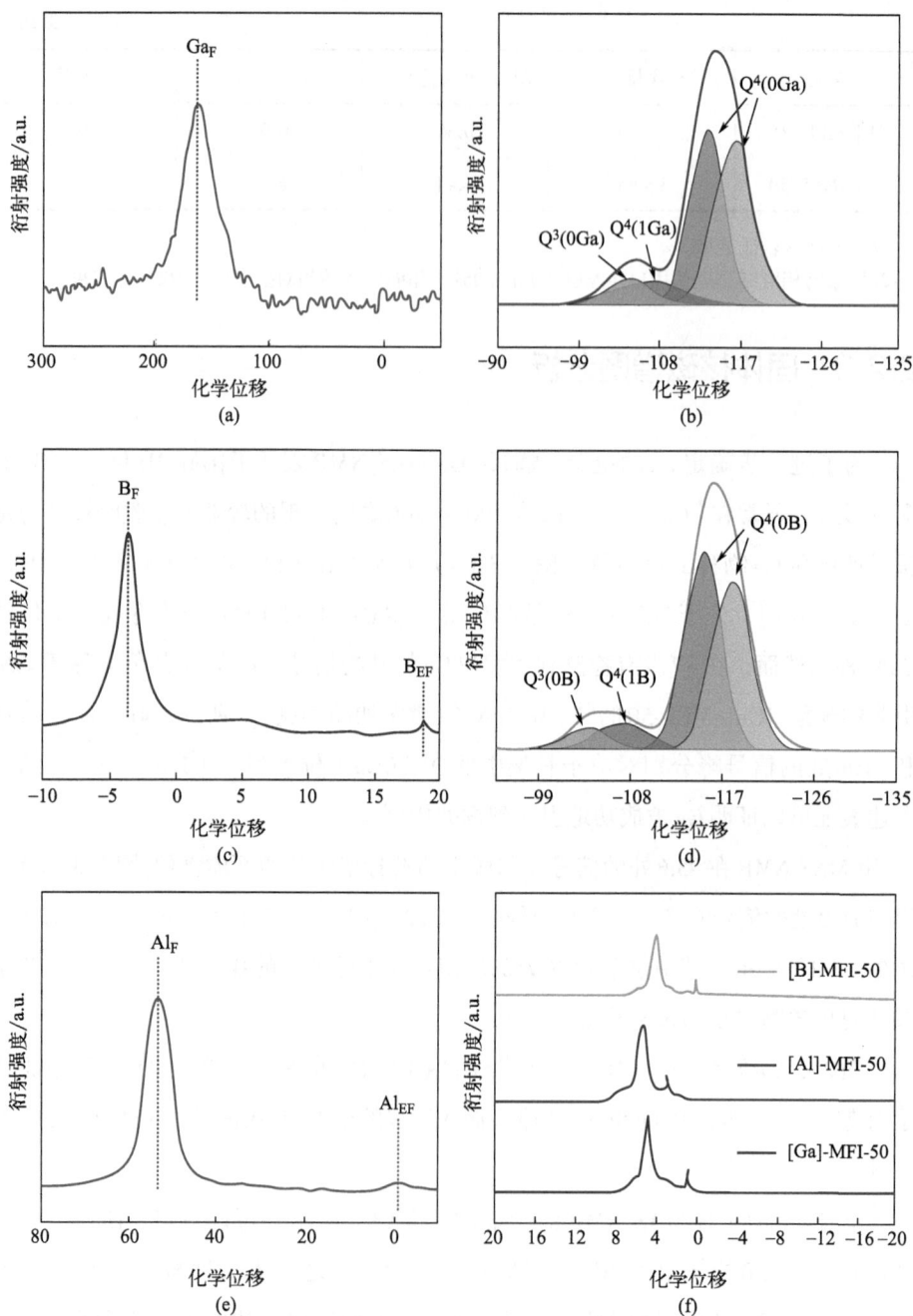

图 2-3　[Ga]-MFI-50 的 71Ga MAS NMR 谱图（a），29Si MAS NMR 谱图（b），
[B]-MFI-50 的 11B MAS NMR 谱图（c），29Si MAS NMR 谱图（d），
[Al]-MFI-50 的 27Al MAS NMR 谱图（e），以及上述样品的 1H MAS NMR 谱图（f）

2.2.4 SEM 形貌表征

[Ga]–MFI–50、[B]–MFI–50和[Al]–MFI–50的扫描电子显微镜（SEM）图像如图2-4所示，不难发现不同元素的三种分子筛的晶体形貌都类似于棱柱体。其中[Al]–MFI–50与[B]–MFI–50分子筛晶体形貌均为较规则的棱柱体形状，而[Ga]–MFI–50分子筛晶体趋于爆米花状，但是仍可以观察到部分规整的边界。[Al]–MFI–50与

图 2-4 [Ga]-MFI-50（a）（b）、[B]-MFI-50（c）（d）和
[Al]-MFI-50（e）（f）的SEM图像

[B]–MFI–50分子筛晶体的粒径在150nm左右，而[Ga]–MFI–50分子筛晶体的粒径在120nm左右。

2.2.5 催化剂孔结构表征

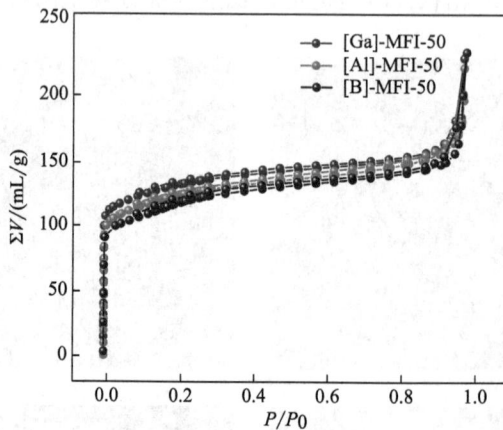

图2-5 [T]-MFI-50 分子筛的氮气吸附－脱附曲线

[Ga]–MFI–50、[B]–MFI–50和[Al]–MFI–50的氮气吸附－脱附曲线如图2-5所示，可以看出所有样品的吸附等温线均表现出相似的趋势和吸附量。并且所有样品在较低的相对压力（P/P_0）下吸附量迅速上升且并未出现回滞环，为典型的Ⅰ型吸附等温线。这说明[Ga]–MFI–50、[B]–MFI–50和[Al]–MFI–50材料中存在丰富的微孔结构。表2-2为样品的比表面积和孔结构数据，可以得出三种分子筛的比表面积（SSA_{BET}）接近，分布在392m²/g ~ 398m²/g之间。不同元素的分子筛的总孔体积（V_{total}）基本一致，孔径也基本保持一致，平均孔径（$D_{ave.}$）分布在0.54nm ~ 0.58nm之间。结合上述表征，说明三种分子筛的结构与形貌都比较接近。

表2-2 [T]-MFI-50 的比表面积和孔结构

样品	SSA_{BET}/（m²/g）	V_{total}/（cm³/g）	$D_{ave.}$/nm
[Ga]–MFI–50	397	0.338	0.58
[B]–MFI–50	392	0.311	0.54
[Al]–MFI–50	398	0.325	0.56

2.2.6　NH$_3$-TPD 表征

通过NH$_3$-TPD（TPD为程序升温脱附）研究了样品的酸量和酸强度，[Ga]-MFI-50、[B]-MFI-50和[Al]-MFI-50的NH$_3$-TPD曲线如图2-6所示，所有分子筛都存在两个NH$_3$的脱附峰。并且三种分子筛均在160 ~ 200℃之间存在脱附峰，这是属于材料上物理吸附的NH$_3$的脱附峰或者是吸附在材料的弱酸中心上NH$_3$的脱附峰[105]。随着脱附温度的升高，三种分子筛的脱附中心温度出现了差异。[Ga]-MFI-50、[B]-MFI-50和[Al]-MFI-50的NH$_3$脱附峰中心分别位于335℃、324℃和343℃。说明三种分子筛的酸强度顺序为[Al]-MFI-50>[Ga]-MFI-50>[B]-MFI-50。测得[Ga]-MFI-50、[B]-MFI-50和[Al]-MFI-50的总酸量分别为0.275mmol/g、0.107mmol/g和0.264mmol/g，如表2-3所示。

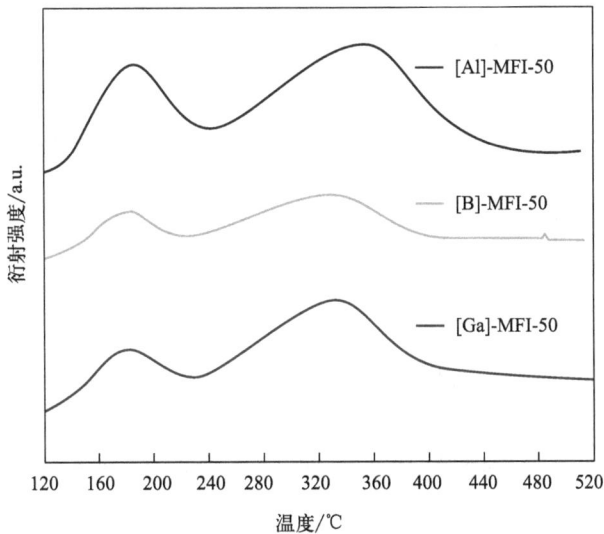

图2-6　[T]-MFI-50 分子筛的 NH$_3$-TPD 曲线

表2-3　[T]-MFI-50分子筛的总酸量

样品	总酸量/（mmol/g）
[Ga]-MFI-50	0.275
[B]-MFI-50	0.107
[Al]-MFI-50	0.264

2.2.7　Py-IR 表征

为了进一步探究样品的酸性质，通过吡啶红外（Py-IR）来确定材料中Brønsted酸性位点和Lewis酸性位点数量。[Ga]-MFI-50、[B]-MFI-50和[Al]-MFI-50的Py-IR谱图如图2-7所示，可以看出三种材料均存在三个吸收峰。其中位于1457cm^{-1}和1544cm^{-1}附近的两个吸收峰分别属于Brønsted酸性位点和Lewis酸性位点的特征峰，而1490cm^{-1}处的吸收峰是两种酸性位点共同的特征峰。因此通过拟合计算Brønsted酸中心密度选取位于1545cm^{-1}处的吸收峰，拟合计算Lewis酸中心密度选取位于1450cm^{-1}处的吸收峰[106-108]。

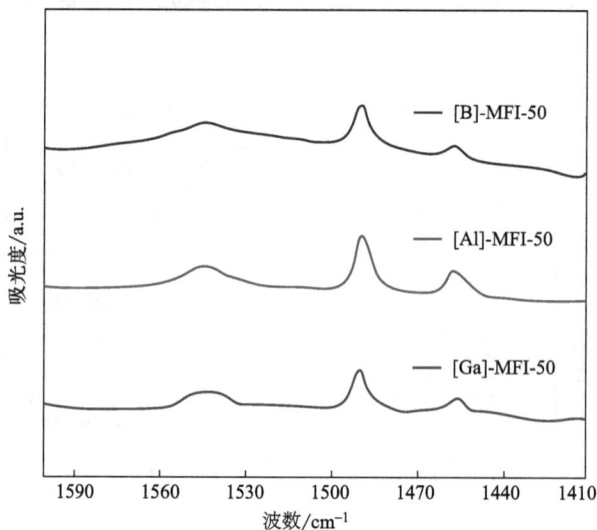

图2-7　[T]-MFI-50 分子筛的 Py-IR 曲线

表2-4　[T]-MFI-50分子筛的酸性质

样品	Brønsted酸含量/（mmol/g）	Lewis酸含量/（mmol/g）	Brønsted酸/Lewis酸
[Ga]-MFI-50	0.184	0.032	6.01
[B]-MFI-50	0.072	0.013	5.53
[Al]-MFI-50	0.193	0.091	2.01

三种不同元素合成的[T]-MFI-50分子筛催化剂的Brønsted酸密度和Lewis酸密度均列于表2-4中，可明显看出[B]-MFI-50分子筛总酸量最低，原因结合表2-1分

析可知B进入到骨架中的难度较高。其中[B]-MFI-50酸量最低仅有0.107mmol/g，并且Brønsted酸含量也仅有0.072mmol/g。[Al]-MFI-50和[Ga]-MFI-50的总酸量非常接近，分别为0.264mmol/g和0.275mmol/g，值得注意的是[Ga]-MFI-50的Lewis酸含量远低于[Al]-MFI-50的Lewis酸含量，[Ga]-MFI-50的Brønsted酸/Lewis酸更是达到了6.01。

2.3　催化剂性能评价

[T]-MFI-50分子筛在相同的反应条件进行催化，催化剂的用量均为3%。以65%甲醛溶液作为原料，[T]-MFI-50分子筛（3g）为催化剂，反应温度为110℃，反应时间为2h。

不同金属位点催化剂的催化性能结果如图2-8所示。根据2.2.5部分可知，[B]-MFI-50、[Ga]-MFI-50和[Al]-MFI-50具有相似的比表面积和结构。通过催化性能测试发现[B]-MFI-50催化所得TOX的时空产率远远低于[Ga]-MFI-50和[Al]-MFI-50。[B]-MFI-50、[Ga]-MFI-50和[Al]-MFI-50催化所得TOX的时空产率分别为29g/（kg·h）、1089g/（kg·h）和1201g/（kg·h）。出现这种巨大的性能差异是由于三种催化剂中Brønsted酸密度不同。根据文献中报道，Brønsted酸性位点是反应的活性中心位点。而[B]-MFI-50的Brønsted酸密度仅为0.072 mmol/g。[Al]-MFI-50的Brønsted酸密度略高于[Ga]-MFI-50，从图2-8也可看出两者的催化性能比较接近。

进一步对产物的组成进行分析，结果如图2-9所示。其中[Al]-MFI-50对TOX的选择性只有74.53%，而[Ga]-MFI-50对TOX的选择性达到97.79%。虽然[B]-MFI-50具有较高的产物选择性，但由于其时空产率低，进一步研究并无意义。通过对三种催化剂的对比可以发现催化剂对TOX的选择性与Brønsted酸/Lewis酸值呈现出正相关的趋势。其中[Ga]-MFI-50与[Al]-MFI-50催化所得产物的时空产率接近，但是其选择性相差23.26%。因此[Ga]-MFI-50综合催化性能最好，是催化合成TOX的最佳选择。

综上所述，三种元素中Ga作为金属中心时在甲醛合成三聚甲醛反应中，所得三聚甲醛的选择性最高，且作为本反应的催化剂活性也较好。

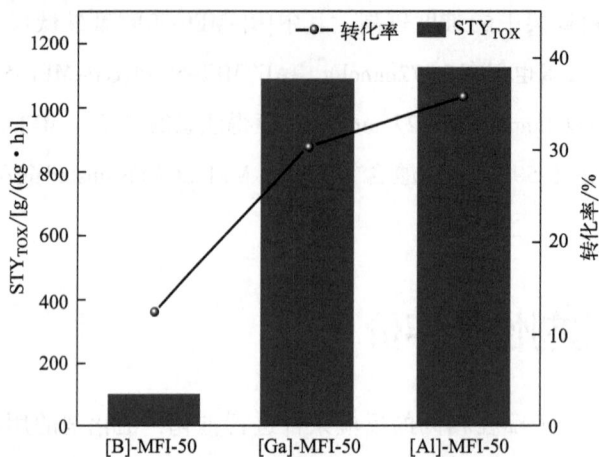

图 2-8 [T]-MFI-50 催化所得 TOX 的时空产率和甲醛转化率

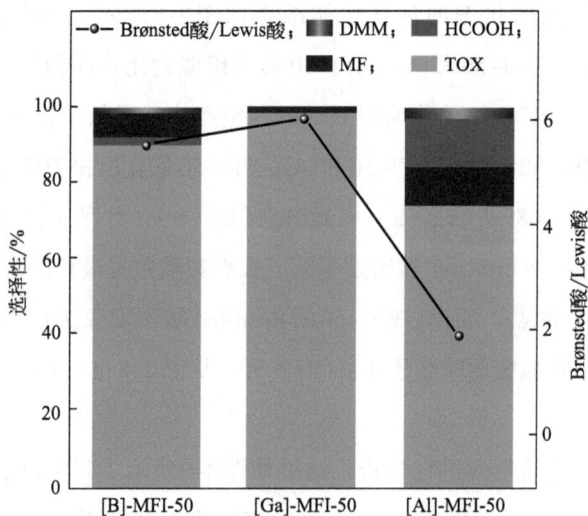

图 2-9 [T]-MFI-50 催化所得 TOX 的选择性和 Brønsted 酸 /Lewis 酸值

第3章
[Ga]–MFI–*y* 在催化合成三聚甲醛中的应用

3.1　概述

通过筛选ⅢA族的三种元素（B、Al、Ga）改性合成了 [T]–MFI–50 分子筛，并且进行了表征分析及甲醛合成三聚甲醛的催化性能测试，发现 [Ga]–MFI–50 作为催化剂表现出较高的活性及最高的三聚甲醛的选择性。那么不同硅镓摩尔比的分子筛催化剂的晶体结构、形貌、孔径、酸性质等究竟有什么规律，以及其对于甲醛合成三聚甲醛的影响，还需要具体分析。

甲醛合成三聚甲醛反应其实质就是 Brønsted 酸催化反应，分子筛的晶体结构、硅铝比、热处理条件、缺陷位浓度等因素都会影响分子筛的酸性质，而分子筛中硅元素与活性金属元素的比例是调节分子筛酸性质较为简单且容易控制的方法，并且硅铝比对酸催化反应有决定性的影响[109]。含铝分子筛具有表面酸性，分子筛的酸性本质原因是：Al 是三价态，Si 为四价态，所以铝硅配位导致铝原子上有一对电荷，即分子筛的 Lewis 酸来源，而为了平衡电荷，铝的桥式羟基则为 Brønsted 酸来源。分子筛的硅铝比可以强烈地影响分子筛的酸性质，即影响分子筛的酸量和酸强度。一般来说，硅铝比提高，硅元素比例增加，酸量会随之减少，同时酸强度随之提高。简单来说，硅氧键强于铝氧键，使得四面体位置中铝顶点相连接的羟基质子容易游离出去，质子游离出去的难易程度即酸性强弱。那么硅铝比越高酸强度越强，但同时质子数量减少，使得酸密度降低[110]。

Shirazi 等人[70]合成了不同硅铝摩尔比的 ZSM–5 沸石，范围在 10 ~ 50 之间，合成的沸石的 BET 比表面积随着 Si/Al 摩尔比的增加而增加；样品的粒径也随着用于合成 ZSM 的凝胶的 Si/Al 摩尔比的变化而变化；不同的 Si/Al 摩尔比还会影响样品的酸度，ZSM–5 的总酸位随着 Si/Al 摩尔比的增加而减少。研究充分展示了硅铝比对催化剂的结构性质有很大的影响。

那么同理，作为第ⅢA族与 Al 同族的金属元素 Ga，以 Ga 为活性元素合成的 [Ga]–MFI 分子筛的原理与 [Al]–MFI 分子筛相似，那么推测不同硅镓摩尔比合成的分子筛也会对其酸性质有一定的影响。

3.2　催化剂表征

3.2.1　X射线粉末衍射

不同硅镓比的[Ga]-MFI样品的XRD谱图如图3-1所示，从图中可以看出所有样品的XRD谱图基本一致，均在2θ=7.8°、8.7°、23.1°和23.8°位置存在明显的特征峰且观察无明显其他杂峰，得到的衍射峰位置与图2-1相同，证明成功合成了[Ga]-MFI-*y*。计算23.1°～23.8°对应（051）晶面的特征峰面积，以第2章合成的[Al]-MFI-50作为基准面积，计算[Ga]-MFI-*y*样品的相对结晶度，结果如表3-1所示，不难发现所有样品的相对结晶度均高于90%。为了进一步确定材料中的硅镓比，通过XRF对[Ga]-MFI-*y*样品进行了表征，结果列于表3-1。晶体的硅镓比普遍高于初始凝胶中的硅镓比。

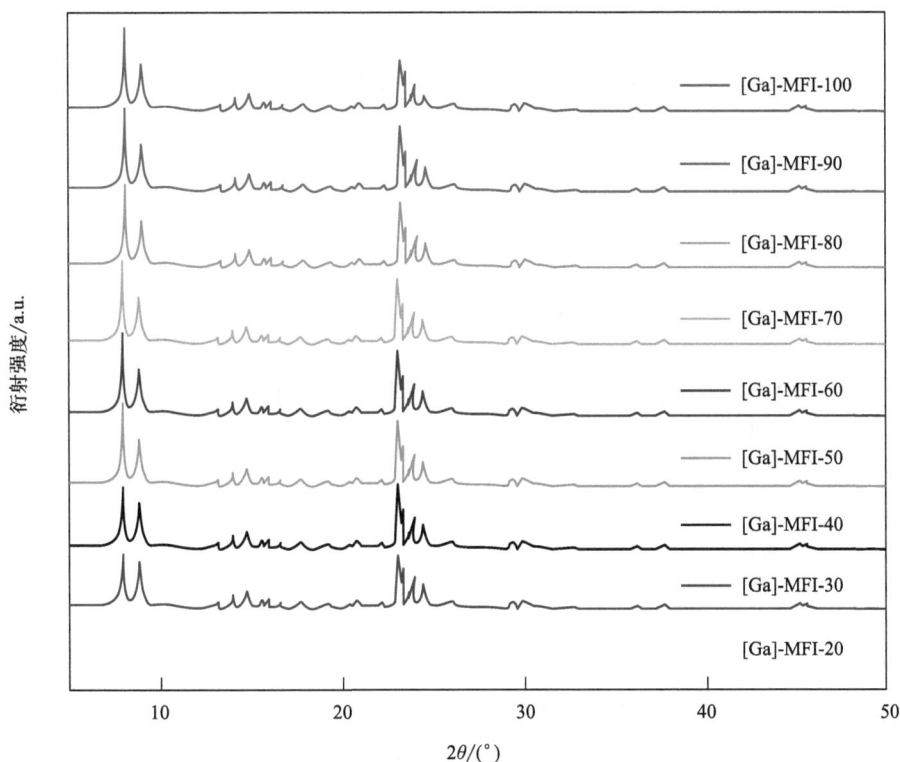

图 3-1　[Ga]-MFI-*y* 的 XRD 谱图

表 3-1　样品的相对结晶度和 XRF 数据

样品	Si/Ga	相对结晶度/%
[Ga]–MFI–20	33.51	91.8
[Ga]–MFI–30	42.54	92.1
[Ga]–MFI–40	55.91	92.5
[Ga]–MFI–50	68.36	96.7
[Ga]–MFI–60	78.21	97.8
[Ga]–MFI–70	89.56	97.9
[Ga]–MFI–80	112.24	98.2
[Ga]–MFI–90	123.78	98.9
[Ga]–MFI–100	134.92	99.8

3.2.2　催化剂孔结构表征

[Ga]-MFI-y 的氮气吸附–脱附曲线如图 3-2 所示。可以看出所有样品的吸附等

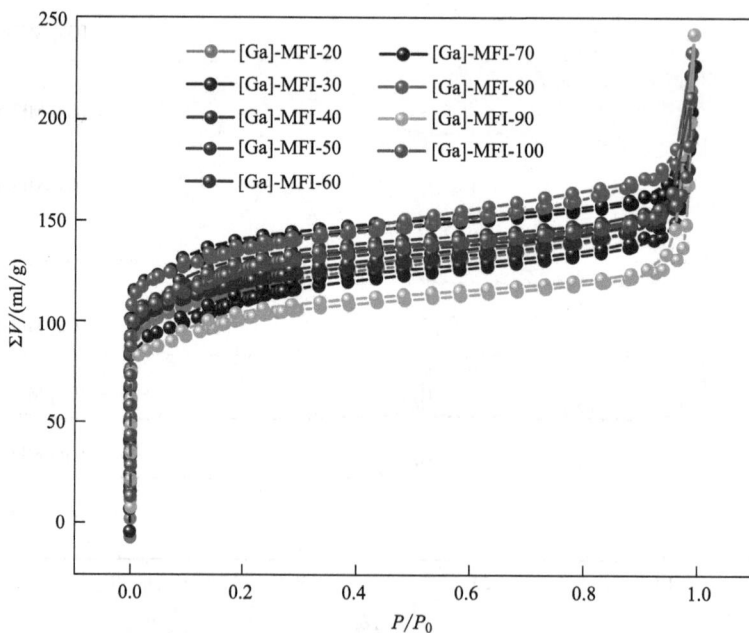

图 3-2　[Ga]-MFI-y 分子筛的 N_2 吸附 – 脱附曲线

温线均表现出相似的趋势和吸附量。[Ga]-MFI-*y*在相对压力P/P_0小于0.3的低压区域，吸附-脱附曲线出现明显的拐点和平台，吸附量在此范围内迅速上升并趋于稳定。所有的[Ga]-MFI-*y*材料的吸附等温线为典型的Ⅰ型吸附等温线。说明材料主要为微孔结构。表3-2为不同硅镓比[Ga]-MFI分子筛的比表面积和孔结构数据。从数据中可以得知样品的比表面积较为接近，分布在375m²/g ~ 406m²/g之间。分子筛的孔径也基本保持一致，平均孔径分布在0.53nm ~ 0.59nm之间。说明硅镓比的改变没有对孔结构和比表面积产生明显的影响。

表3-2　[Ga]-MFI-*y*的比表面积和孔结构

样品	SSA_{BET}/（m²/g）	V_{total}/（cm³/g）	D_{ave}/nm
[Ga]-MFI-20	391	0.475	0.53
[Ga]-MFI-30	383	0.325	0.54
[Ga]-MFI-40	378	0.316	0.59
[Ga]-MFI-50	397	0.338	0.58
[Ga]-MFI-60	403	0.288	0.55
[Ga]-MFI-70	389	0.307	0.56
[Ga]-MFI-80	406	0.389	0.56
[Ga]-MFI-90	375	0.331	0.55
[Ga]-MFI-100	402	0.324	0.57

3.2.3　SEM 形貌表征

图3-3中为不同Si/Ga摩尔比的[Ga]-MFI的SEM图像。由图3-3可看出，[Ga]-MFI-*y*分子筛具有相似的纳米球状的聚集体形貌，晶粒的尺寸在100nm ~ 200nm之间，随着Si/Ga摩尔比的增高，结晶度越来越高并且晶体粒径有所降低，由200nm降到100nm左右。说明水热合成法中加入的硅源越多越有利于形成晶粒粒径更小的MFI分子筛。Ga比例较多的分子筛晶粒呈现微小晶粒团聚形成的球状，而随着硅原子比例增加，晶粒形貌趋向于规则六边形棱柱状，结晶度也明显增加，这与XRD中的表征结果相同。

图 3-3 [Ga]-MFI-20（a）、[Ga]-MFI-30（b）、[Ga]-MFI-40（c）、[Ga]-MFI-50（d）、
[Ga]-MFI-60（e）、[Ga]-MFI-70（f）、[Ga]-MFI-80（g）、
[Ga]-MFI-90（h）和 [Ga]-MFI-100（i）的 SEM 图像

3.2.4 NH₃-TPD 表征

根据第2章的内容可知在分子筛催化合成三聚甲醛的过程中，材料的酸性质对于产物的时空产率以及分布起着决定性的影响。因此NH₃-TPD被用来研究样品的酸量和酸强度，[Ga]-MFI-y分子筛的NH₃-TPD曲线如图3-4所示，材料均呈现出相同的吸附–脱附趋势。所有样品在120~200℃和260~440℃处均具有两个不同的脱附峰，表明催化剂中同时存在弱酸位点和强酸位点。并且从表3-3所列数据可以得出，随着Ga含量的降低，[Ga]-MFI-y的总酸含量由0.541mmol/g降低至0.165mmol/g。所有[Ga]-MFI-y催化剂样品的中强酸位点数与弱酸位点数之比均约为7∶3。值得注意的是[Ga]-MFI-y分子筛的酸强度并未因为硅镓比的改变而发生改变。

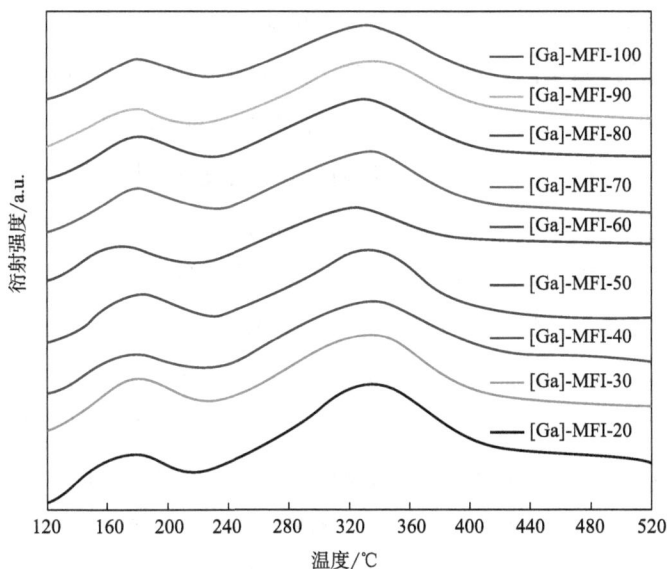

图 3-4 [Ga]-MFI-y 的 NH₃-TPD 曲线

表 3-3 [Ga]-MFI-y分子筛的总酸量

样品	总酸量/（mmol/g）
[Ga]-MFI-20	0.541
[Ga]-MFI-30	0.436
[Ga]-MFI-40	0.322

续表

样品	总酸量/（mmol/g）
[Ga]–MFI–50	0.275
[Ga]–MFI–60	0.207
[Ga]–MFI–70	0.195
[Ga]–MFI–80	0.189
[Ga]–MFI–90	0.177
[Ga]–MFI–100	0.165

3.2.5 Py–IR 表征

在催化甲醛合成三聚甲醛的过程中，Brønsted酸性位点和Lewis酸性位点的作用不同。根据第2章中的研究内容可知，Brønsted酸性位点数量越多，产物的时空产率越高。为了进一步考察样品的酸性质，对样品进行吡啶红外（Py–IR）表征。Py–IR收集到的材料中Brønsted酸密度和Lewis酸密度的结果如图3–5所示。可以看出所有的样品均在1457cm^{-1}和1544cm^{-1}附近出现两个吸收峰，分别归属于Brønsted酸性位点和Lewis酸性位点。1490cm^{-1}处的吸收峰是两个酸性位点的叠加特征峰。表3–4为[Ga]–MFI-y的酸密度数据，从表中可得出随着Ga含量的增加，Brønsted酸的含量从0.148mmol/g增加到0.253mmol/g，Lewis酸的含量则从0.015mmol/g增加到0.086mmol/g。不难发现Lewis酸的增加速率大于Brønsted酸。因此，随着Ga含量的增加，Brønsted酸/Lewis酸比由9.80减小到2.91。分子筛中的Brønsted酸性位点位于骨架内Ga形成的桥式羟基上，而Lewis酸性位点主要来源于骨架外的不饱和配位镓离子。因此，Brønsted酸/Lewis酸值的降低说明随着Ga在初始合成凝胶体系中比例的增加，其经过水热合成后进入分子筛骨架的难度也随之增加。进入骨架外的Ga比例升高，导致Lewis酸性位点增加。

表3-4   [Ga]-MFI-y分子筛的酸性质

样品	Brønsted酸量/（mmol/g）	Lewis酸量/（mmol/g）	Brønsted酸/Lewis酸
[Ga]–MFI–20	0.253	0.086	2.91
[Ga]–MFI–30	0.236	0.057	4.14

续表

样品	Brønsted 酸量/（mmol/g）	Lewis 酸量/（mmol/g）	Brønsted 酸/Lewis 酸
[Ga]–MFI–40	0.224	0.041	5.44
[Ga]–MFI–50	0.194	0.032	6.01
[Ga]–MFI–60	0.171	0.026	6.68
[Ga]–MFI–70	0.168	0.023	7.35
[Ga]–MFI–80	0.161	0.020	8.05
[Ga]–MFI–90	0.152	0.018	8.42
[Ga]–MFI–100	0.148	0.015	9.80

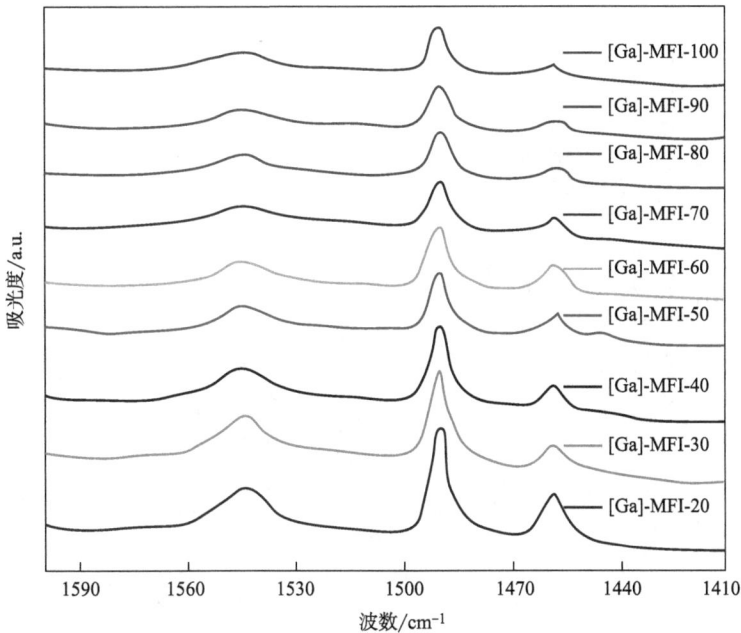

图 3-5 [Ga]-MFI-*y* 的 Py-IR 谱图

3.3　[Ga]-MFI-*y* 催化剂性能评价

在第2章中筛选了三种不同金属位点的催化剂，通过对比发现[Ga]-MFI-50的综合性能最好。因此在[Ga]-MFI-*y*分子筛的用量为3%，以64%～67%甲醛溶液作为原料，反应温度为110℃，反应时间2h的条件下，本节研究了不同硅镓比对产物

的时空产率的影响，实验结果如图 3-6 所示。不难发现随着骨架中 Ga 含量的增加，
[Ga]–MFI-y 催化所得产物的时空产率也随之增加。[Ga]–MFI-20 催化剂催化所得产
物的时空产率最高为 1386g/（kg·h），而 [Ga]–MFI-100 催化剂催化所得产物的时空
产率则降低为 537g/（kg·h）。不同 [Ga]–MFI-y 的甲醛转化率具体数据如表 3-5 所
示，可以看出甲醛转化率与时空产率的变化趋势相同，随着硅镓比的降低而升高。
根据文献报道分子筛中 Brønsted 酸性位点是催化合成三聚甲醛的活性中心位点，由
Py-IR 的结果可知，随着硅镓摩尔比的降低，Brønsted 酸密度随之上升。所以其催
化性能随 Brønsted 酸密度的增加而增加，这也与第 2 章中的结果相吻合。

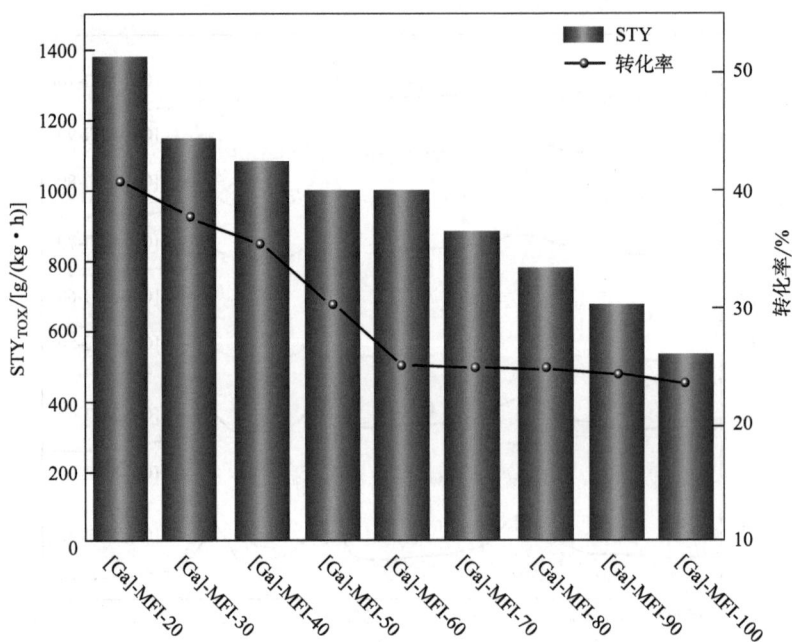

图 3-6　[Ga]-MFI-y 催化所得产物的时空产率和甲醛转化率

表 3-5　[Ga]-MFI-y 分子筛催化所得产物的时空产率以及甲醛转化率

样品	Con_{HCHO}/%	STY_{TOX}/[g/(kg·h)]
[Ga]-MFI-20	40.83	1386
[Ga]-MFI-30	37.75	1145
[Ga]-MFI-40	35.47	1089
[Ga]-MFI-50	30.29	1006

续表

样品	Con$_{HCHO}$/%	STY$_{TOX}$/[g/(kg · h)]
[Ga]–MFI–60	25.19	997
[Ga]–MFI–70	25.36	883
[Ga]–MFI–80	25.39	777
[Ga]–MFI–90	25.33	675
[Ga]–MFI–100	23.80	537

对不同 [Ga]-MFI-y 催化所得产物进行分析，结果如图 3-7 所示。值得注意的是，随着分子筛骨架中 Ga 含量的增加，TOX 的选择性最高从 98.59% 下降到 58.12%。其中副产物甲酸的选择性从 [Ga]-MFI-100 的 0.86% 上升到 [Ga]-MFI-20 的 25.96%。其他 [Ga]-MFI-y 对产物的选择性数据如表 3-6 所示。结合不同 [Ga]-MFI-y 的 Brønsted 酸/Lewis 酸值不难发现，催化剂对三聚甲醛的选择性与其对应的 Brønsted 酸/Lewis 酸值呈正相关关系。这是因为在催化合成 TOX 的过程中 Lewis 酸性位点的增加会加速甲醛的歧化，产生更多的副产物如甲酸。Py-IR 结果表明，分子筛骨架中 Ga 含量增加，其 Lewis 酸密度也迅速增加。但催化剂的 Brønsted 酸/Lewis 酸值随着 Ga 含量的

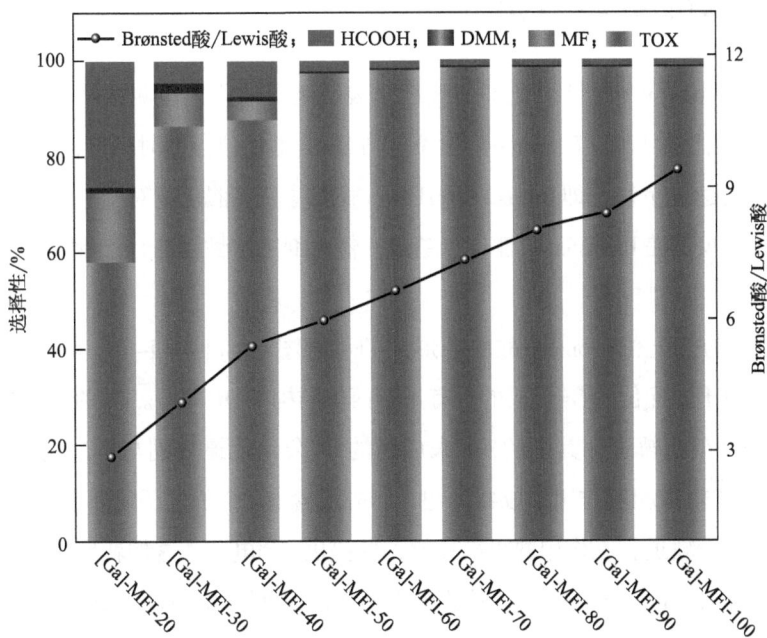

图 3-7 [Ga]-MFI-y 催化所得 TOX 的选择性和 Brønsted 酸/Lewis 酸值

增加而降低，导致副产物含量迅速增加。虽然[Ga]–MFI–20催化所得产物的时空产率在所有催化剂中最高，但其选择性仅为58.12%。因此合理控制Brønsted酸性位点和Lewis酸性位点的含量对反应有重要影响。

表3-6　[Ga]-MFI-y分子筛催化对产物的选择性

样品	TOX/%	MF/%	DMM/%	HCOOH/%
[Ga]–MFI–20	58.12	14.74	1.18	25.96
[Ga]–MFI–30	86.32	6.81	2.07	4.80
[Ga]–MFI–40	87.51	4.21	0.56	7.71
[Ga]–MFI–50	97.79	0.00	0.20	2.01
[Ga]–MFI–60	98.04	0.00	0.27	1.33
[Ga]–MFI–70	98.42	0.00	0.34	1.24
[Ga]–MFI–80	98.44	0.00	0.41	1.16
[Ga]–MFI–90	98.37	0.00	0.49	1.15
[Ga]–MFI–100	98.59	0.00	0.55	0.86

3.4　反应机理分析

从[Ga]–MFI–y分子筛催化剂的酸性质表征结合催化性能测试结果来看，随着Si与Ga摩尔比的增加，Brønsted酸性位点与Lewis酸性位点同时降低，但Lewis酸性位点降低的速度更快，即Brønsted酸/Lewis酸值越高，催化剂对于三聚甲醛的选择性越高。相反的是Brønsted酸性位点越多，催化剂的活性越高，三聚甲醛的时空产率越高。

图3–8为四配位Brønsted酸中心形成的示意图。[Ga]–MFI–y的Brønsted酸性位点主要来源于四配位的Ga形成的具有正四面体结构的H[GaO$_4$]。Ga的最外层杂化轨道是4个sp^3杂化轨道，其中的3个未成键的sp^3杂化轨道分别与3个O提供的未成键的sp^3杂化轨道相互作用形成共价键。当外层含有1个价电子的原子时，H的s轨道与上述重叠轨道相互作用并再次重叠，并提供1个电子，这样就形成三中心二电子结构。在H[GaO$_4$]结构中，它可以释放一个H$^+$从而产生酸性，所以H[GaO$_4$]是四配位Brønsted酸中心[111-113]。

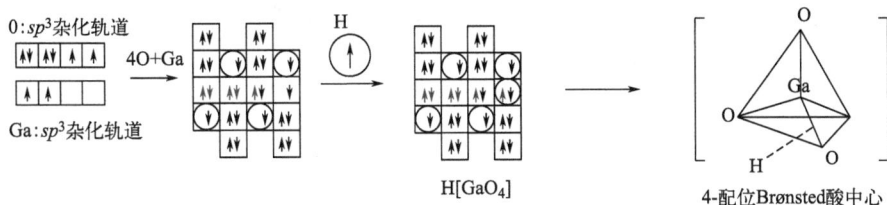

图3-8 [Ga]-MFI-*y* 催化剂中四配位 Brønsted 酸中心形成的示意图

而[Ga]-MFI-*y*分子筛催化合成三聚甲醛的机理如图3-9所示，可以看出在Brønsted酸的作用下其氢离子通过活化羰基氧原子使得甲醛逐渐在分子筛的表面形成低聚物结构。由于低聚物末端的碳原子带部分正电荷，因此分子筛中的氧原子就作为亲核试剂进攻碳正离子从而形成环状结构。当碳正离子进一步攻击分子内的氧原子时，就会发生分子内环化。最终，一个TOX分子被去除。因此，可以得出Brønsted酸性位点在TOX的合成中起主要作用。

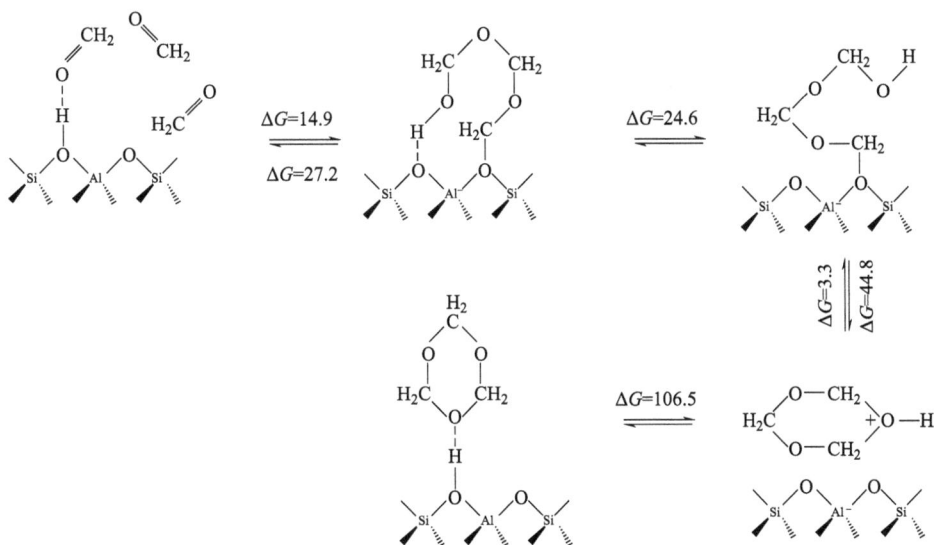

图3-9 [Ga]-MFI-*y* 分子筛催化甲醛合成三聚甲醛的步骤

Lewis酸性位点的存在则会发生Cannizzaro反应，降低三聚甲醛的选择性，如图3-10所示。[Ga]-MFI-*y*分子筛的Lewis酸性位点主要来源于骨架外的不饱和配位的镓离子。从图3-10可以看出，骨架外镓离子可以活化甲醛的羰基氧原子，然后一分子的甲醛作为亲核试剂进攻碳正离子形成具有双齿配位的中间体。该中间体可以被氧化形成甲酸盐或者被还原形成醇盐。因此 Lewis 酸性位点数量的增加，必然会引起产物中甲酸含量的增加[114]。

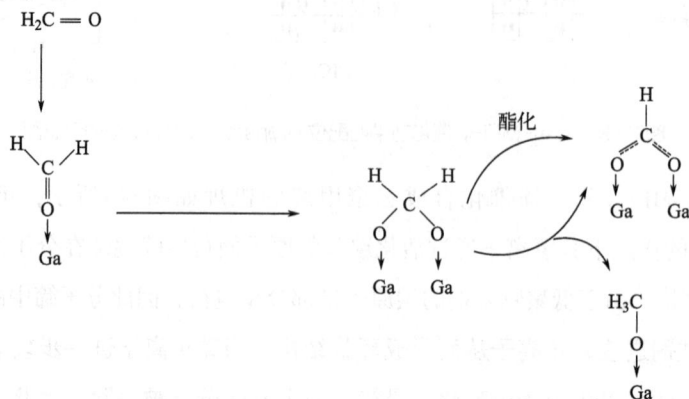

图 3-10　[Ga]-MFI-*y* 分子筛参与 Cannizzaro 反应机理

第 4 章
[Ga,Al]–MFI 在催化合成三聚甲醛中的应用

4.1 概述

许多研究表明，在ZSM-5分子筛中引入杂原子，如Ag、Zn、Ga等，是改性产品的常用方法。而在多相催化反应过程中，Ga优异的脱氢性质使其在与附近的Brønsted酸接触时表现出芳香化活性，将其作为改性活性金属中心容易提高芳烃收率。将Ga加入到ZSM-5沸石可以有效地改变催化剂的酸度，并通过Ga^{3+}与质子位点的相互作用来改善其芳烃选择性[115, 116]。然而，Ga掺杂ZSM-5的制备面临的一个主要挑战是水合镓离子（胆基物质的前体）在微孔通道中的低扩散率，Chen等人[115]采用了多种不同的合成方法合成了层状Ga/ZSM-5，不仅可以改善中孔隙度，而且可以改善微孔中的GaO^+Brønsted酸性位点，发达的中孔可以减少芳烃的裂解，而微孔中的GaO^+组分在环脱氢反应中比Ga_2O_3颗粒活性更高；Rane等人[116]采用湿法浸渍、离子交换法和化学气相沉积法制备了Ga/HZSM-5分子筛，研究表明Ga为活性中心的催化剂可催化正庚烯的进一步脱氢和闭环反应，且产物的分布主要取决于Brønsted酸中心和Ga脱氢中心的存在；Al-Yassir等人[117]也通过不同方法合成Ga改性ZSM-5沸石，并阐述说明通过在原位水热合成法制备的Ga/HZSM-5中掺杂适当的Ga，并且通过浸渍和离子交换的制备手段合成的Ga/HZSM-5分子筛表现出比传统方法合成的样品更高的丙烷转化率；Choudhary等人[118]也通过水热合成方法合成了H-GaMFI沸石，并评估了丙烷的芳构化，得出结论为该催化剂的高活性源于沸石孔隙中与沸石质子结合的高分散度的镓物种；此结论与Xiao的结论[119]是一致的，即分散在Brønsted酸附近的阳离子GaO^+物种与沸石的Brønsted酸性位点（BAS）相邻，可以显著提高脱氢活性，从而改善丙烷芳烃的催化性能。

利用Ga与Al两种元素共同改性掺杂合成的双金属分子筛对于各类反应均有着意想不到的结果，那么结合第三主族元素（B、Al、Ga）改性合成催化剂的催化性能结果和[Ga]-MFI-y分子筛的硅镓比对甲醛合成三聚甲醛催化性能的研究表明：Al作为活性中心催化活性最高，但对于三聚甲醛的选择性并不理想，对三聚甲醛的选择性远远低于[Ga]-MFI-y分子筛；Ga作为活性中心，对于三聚甲醛的选择性最好，但是活性略低于Al作为活性中心的[Al]-MFI-y分子筛。那么思考如果利用Ga与Al两种元素共同改性掺杂合成[Ga,Al]-MFI-y双金属分子筛，通过改变Ga与Al的摩尔比、双金属与Si的摩尔比，可探究合成的一系列双金属分子筛的结构、形貌、孔径、酸性质规律，并联系双金属催化剂对于甲醛合成三聚甲醛的催化性能测试，寻找比[Al]–MFI–*y*活性更好，比[Ga]–MFI–*y*对三聚甲醛具有更高选择性的分子筛，并且分析其原因。

4.2　催化剂表征

4.2.1　X射线粉末衍射

ZSM–5分子筛由于具有良好的热稳定性以及位点可调节性，被广泛应用于催化反应中。本节通过调节ZSM–5分子筛中Ga、Al、Si的原子比例合成了一系列双金属[Ga,Al]–MFI–*y*材料。其中具有不同镓铝比的[Ga,Al]–MFI–50的XRD谱图如图4-1所示。所有沸石的XRD图谱均呈现MFI拓扑结构特征，在$2\theta=7.8°$、$8.7°$、$23.1°$、$23.8°$和$24.3°$处存在明显的特征衍射峰。说明[Ga,Al]–MFI–50成功合成。

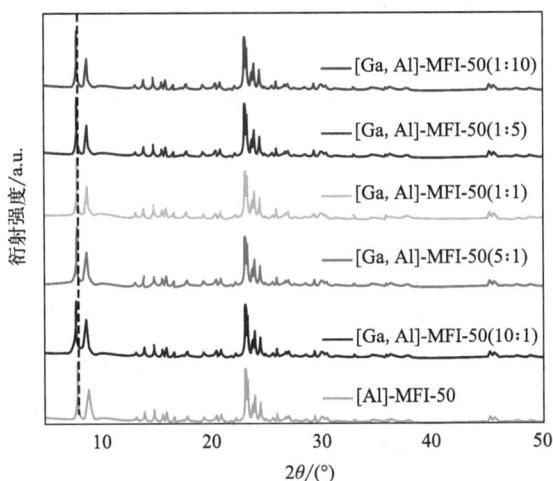

图4-1　不同金属比例的[Ga,Al]–MFI–50的XRD谱图

不同硅镓比的[Ga,Al]–MFI–100的XRD谱图如图4-2所示，与图4-1中的XRD谱图中的衍射峰位置相同。从两者的XRD谱图中可以看出位于$2\theta=7.8°$处的衍射峰随着镓铝比的变化出现了位移。与其硅铝比一致的[Al]–MFI–100相比，[Ga,Al]–MFI–100的特征衍射峰随着Ga比例的增加，衍射峰逐渐向低角度位移[120]。这是因为在[Al]–MFI–100中，当原子半径较大的Ga取代骨架Al

时，会引起晶面间距的变化，从而导致衍射峰位移[121]。这表明Ga引入到了[Ga,Al]–MFI–100分子筛的骨架中。同样计算了（051）晶面的特征峰面积，得出[Ga,Al]–MFI–*y*样品的相对结晶度，结果如表4–1所示。通过ICP确定了[Ga,Al]–MFI–*y*样品中的原子比例，结果列于表4–1中。此结果表明，随着Ga比例的增加，[Ga,Al]–MFI–50中Ga含量从0.19%逐渐增加到2.03%。[Ga,Al]–MFI–50和[Ga,Al]–MFI–100中Ga与Al的摩尔比和与Si的摩尔比分别维持在50和100左右。

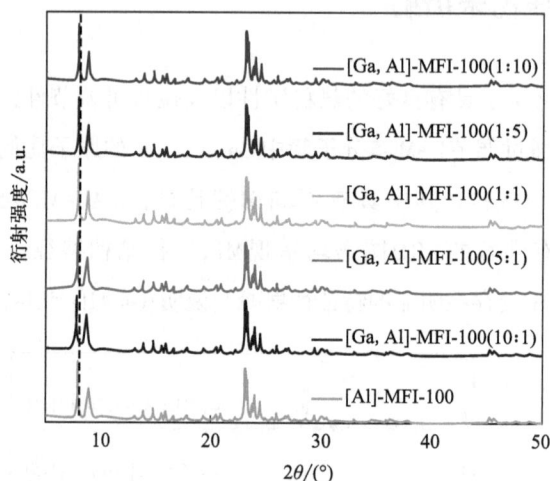

图4-2　不同金属比例的 [Ga,Al]-MFI-100 的 XRD 谱图

表4-1　样品的相对结晶度和原子含量

样品	Al含量[①]/%	Ga含量[②]/%	Si：(Al, Ga)	相对结晶度/%
[Al]–MFI–50	2.11	0	46.29	100
[Ga,Al]–MFI–50（1∶10）	1.77	0.19	48.31	98.8
[Ga,Al]–MFI–50（1∶5）	1.52	0.41	49.91	95.5
[Ga,Al]–MFI–50（1∶1）	1.21	1.13	51.64	96.7
[Ga,Al]–MFI–50（5∶1）	0.65	1.87	55.07	96.5
[Ga,Al]–MFI–50（10∶1）	0.36	2.03	60.24	97.8
[Al]–MFI–100	1.18	0	92.86	99.2
[Ga,Al]–MFI–100（1∶10）	0.89	0.09	95.53	98.3
[Ga,Al]–MFI–100（1∶5）	0.78	0.16	98.93	97.5
[Ga,Al]–MFI–100（1∶1）	0.69	0.38	100.64	98.1

样品	Al含量[①]/%	Ga含量[②]/%	Si：（Al，Ga）	相对结晶度/%
[Ga,Al]-MFI-100（5∶1）	0.31	0.70	104.56	97.4
[Ga,Al]-MFI-100（10∶1）	0.14	0.79	119.37	96.2

① 通过ICP-OES表征得到。

② 以[Al]-MFI-50作为100%结晶度的参照，用XRD光谱测定沸石的相对结晶度后与参照样品进行对比得到。

4.2.2　X射线光电子能谱

XPS可用于识别催化剂中骨架或骨架外Ga的氧化态[122]。[Ga,Al]-MFI-50（1∶1）和[Ga,Al]-MFI-100（1∶1）的Ga $2p_{3/2}$ XPS谱图分别如图4-3（a）和（b）所示。从图中可以发现[Ga,Al]-MFI-50（1∶1）和[Ga,Al]-MFI-100（1∶1）的Ga的结合能均可分为两部分。其中1118.3eV的结合能归属于骨架镓原子，而位于1117.2eV的信号峰则属于骨架外Ga物种[123]。分别对这两部分的面积进行计算，得出[Ga,Al]-MFI-50（1∶1）和[Ga,Al]-MFI-100（1∶1）中骨架Ga含量分别为78%和91%。这也表明Ga进入骨架的难度随着剂量的增加而增加[124]。XPS谱图分析表明，Ga主要以+3价存在于分子筛中并且主要为骨架型Ga物种。

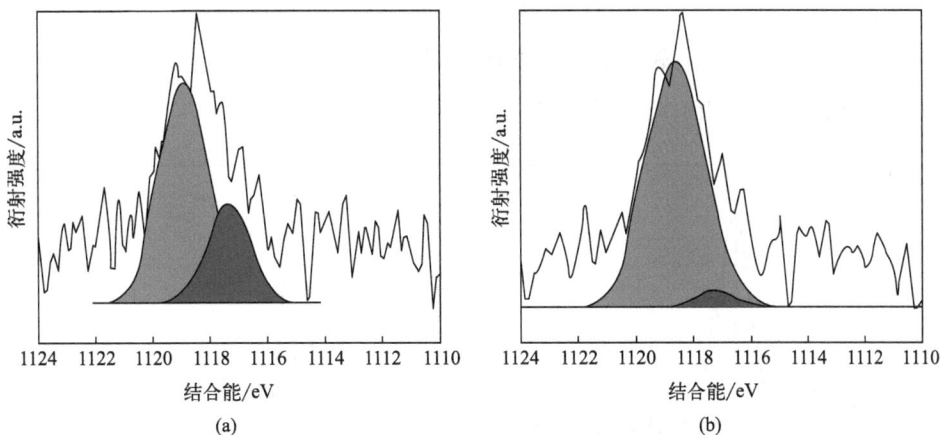

图4-3　[Ga,Al]-MFI-50（1:1）（a）、[Ga,Al]-MFI-100（1:1）（b）的XPS谱图

4.2.3　固体核磁谱图分析

为了进一步确定Ga在材料中的配位状态，通过固体核磁得到了一系列[Ga,Al]–MFI–50和[Ga,Al]–MFI–100的 ^{71}Ga MAS NMR、^{29}Si MAS NMR和 ^{27}Al MAS NMR谱图。其中[Ga,Al]–MFI–50（1∶1）和[Ga,Al]–MFI–100（1∶1）的 ^{71}Ga MAS NMR谱图如图4–4（a）和（d）所示。两个样品均可在+154.2处发现特征峰。在100～200范围内的信号通常被认为是属于四配位的骨架Ga物种的特征峰。六配位Ga物种的特征峰在–7处未能检测出信号[125]。这是由于Ga具有强四极效应的低对称性环境造成的。因此，通过 ^{71}Ga MAS NMR不能确定骨架外Ga与骨架内Ga的比例。图4–4（b）和（e）为[Ga,Al]–MFI–50（1∶1）和[Ga,Al]–MFI–100（1∶1）的 ^{27}Al MAS NMR谱图。由此推断，+55处的特征峰属于四配位骨架Al，而0左右的特征峰属于六配位骨架外Al[108, 126]。分别对其面积进行积分计算得到[Ga,Al]–MFI–50（1∶1）和[Ga,Al]–MFI–100（1∶1）中骨架Al的比例分别为97.97%和97.06%。在该谱图中没有发现以其他配位形式存在的Al物种的特征峰。这证明了Al主要以四面体配位骨架Al存在于沸石中。图4–4（c）和（f）两种材料的 ^{29}Si MAS NMR谱图也较为相似。在–112的信号属于Si(OSi)$_4$单元中Si的特征峰。这个更宽的峰可以进一步分为两个信号峰。较强的峰对应于对称的Si，较弱的峰属于不对称的Si [127]。在–104和–106的峰值分别是Si（1Ga）和Si（1Al）单位中Si的特征峰。Si（1Ga）的信号出现在比Si（1Al）更高的场，这是由于Ga具有较强的金属性质，具有较强的电子推动效应[128, 129]。因此，可以证明[Ga,Al]–MFI–y分子筛中同时存在四面体配位骨架Al和Ga。

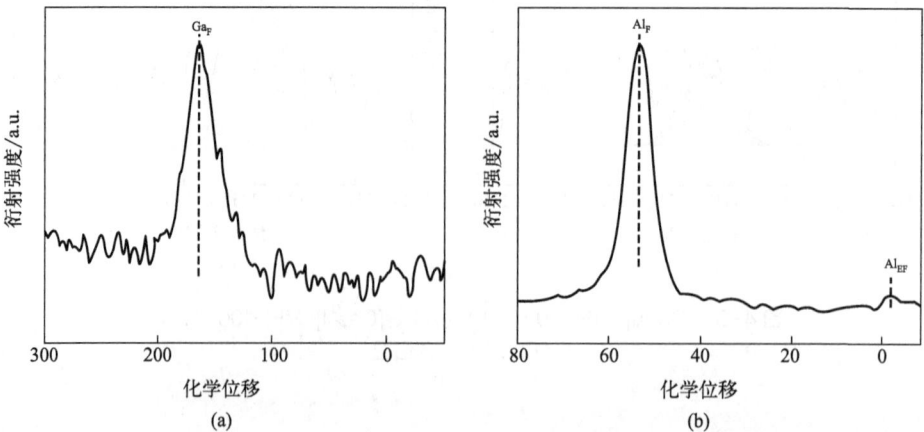

（a）　　　　　　　　　　　　　　（b）

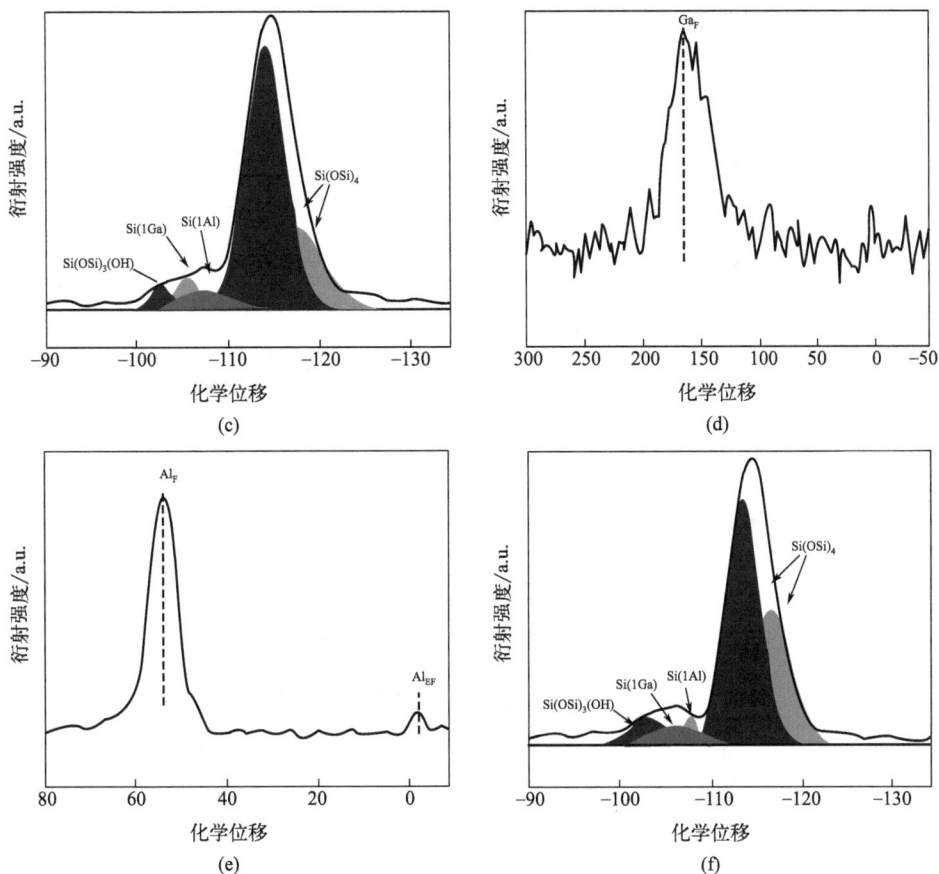

图4-4 [Ga,Al]-MFI-50（1:1）的 ^{71}Ga MAS NMR 谱图（a），^{27}Al MAS NMR 谱图（b）和 ^{29}Si MAS NMR 谱图（c）；[Ga,Al]-MFI-100（1:1）的 ^{71}Ga MAS NMR 谱图（d），^{27}Al MAS NMR 谱图（e）和 ^{29}Si MAS NMR 谱图（f）

关于其他比例的[Ga,Al]–MFI-50和[Ga,Al]–MFI-100的 ^{71}Ga MAS NMR 和 ^{27}Al MAS NMR 谱图分别如图4-5和图4-6所示。所有样品的 ^{71}Ga MAS NMR 谱图均在100 ~ 200出现信号峰，这证明所有材料样品中均存在四面体配位的Ga。从图4-6不难发现所有分子筛材料样品中的Al物种也主要以铝氧四面体的形式存在。

4.2.4　SEM 形貌表征

不同Ga/Al比[Ga,Al]–MFI-50分子筛的SEM图像如图4-7所示。Ga的含量对分子筛的形貌有明显的影响。随着Ga比例的降低，沸石的形态逐渐由不规则球形变为

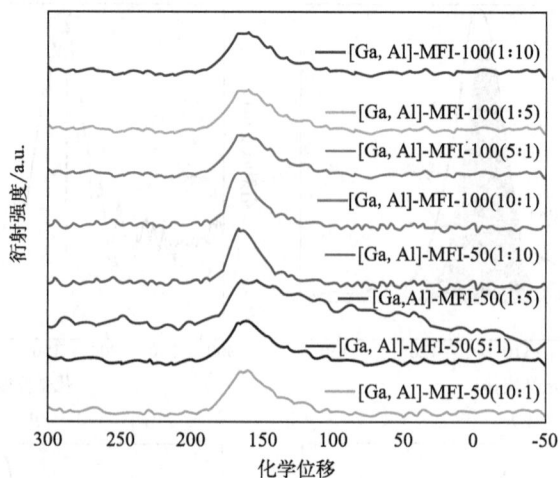

图4-5 不同原子比例的 [Ga,Al]-MFI 的 ^{71}Ga MAS NMR 谱图

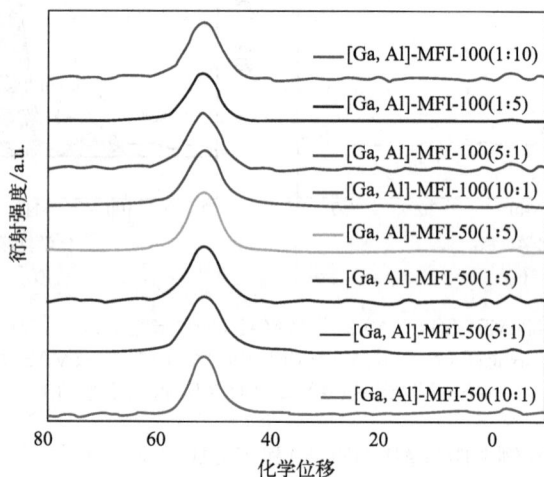

图4-6 不同原子比例的 [Ga,Al]-MFI 的 ^{27}Al MAS NMR 谱图

规则多面体。此外，对[Ga,Al]-MFI-50（1∶1）的表面元素进行了扫描。图4-7（g）
和（h）的结果显示，沸石中Al和Ga均分布均匀。

图4-8为 [Ga,Al]-MFI-100的SEM图像。由图4-8可看出[Ga,Al]-MFI-100分子
筛的晶体形貌与[Al]-MFI-100和[Ga]-MFI-100分子筛的晶体形貌一致，晶粒直径
都在100nm左右且多数为规则的六棱柱形状，这与单金属规律性一致，是由于材
料中Si/Al比的减少导致晶体形貌趋于规则的六棱柱状态。图4-7（g）和（h）是对

图4-7　[Ga,Al]-MFI-50 的 SEM 谱图

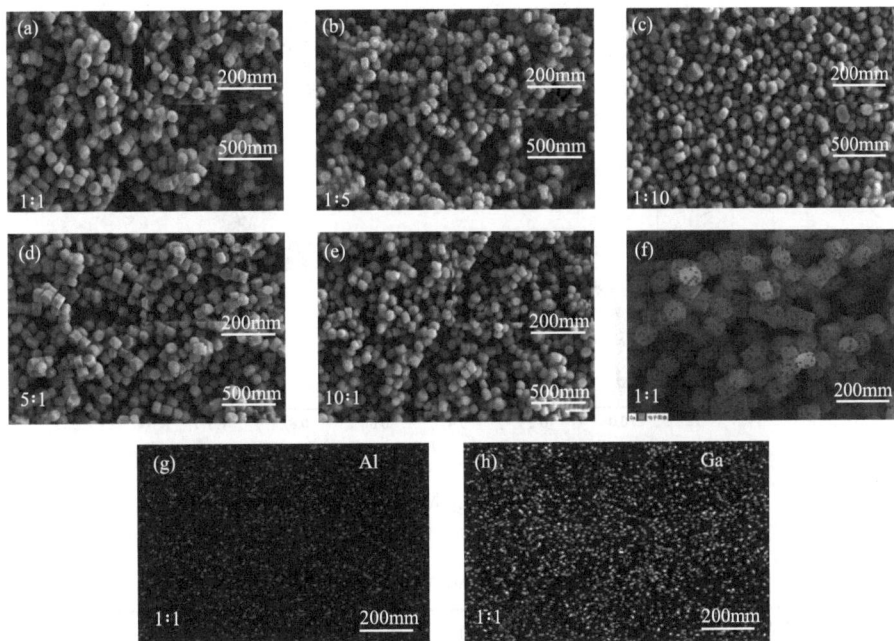

图4-8　[Ga,Al]-MFI-100 的 SEM 谱图

[Ga,Al]-MFI-100（1∶1）的表面元素进行扫描的结果，证明材料中确实存在Ga。结合上述表征可得知[Ga,Al]-MFI-50和[Ga,Al]-MFI-100中同时存在骨架Ga物种和骨架Al物种，证明一系列具有不同铝镓比的双金属分子筛成功合成。

4.2.5　催化剂孔结构表征

分子筛的比表面积和孔径在一定程度上也对催化性能有影响，其中不同镓铝比的[Ga,Al]-MFI-50的氮气吸附-脱附曲线如图4-9所示。可以看出不同样品的吸附量差距较小。[Ga,Al]-MFI-50在相对压力P/P_0大于0.4的范围内均出现明显的平台且并未发现回滞环。证明材料中存在丰富的微孔结构。[Ga,Al]-MFI-50分子筛的比表面积通过BET方法计算，而孔隙大小通过Horvath-Kawazoe（H-K）方法测量得出，所得数据列于表4-2。从数据中可以得知样品的比表面积较为接近，分布在$352m^2/g \sim 379m^2/g$之间。分子筛的孔径也基本保持一致，平均孔径分布在0.6nm左右。说明镓铝比的改变并没有对孔结构和比表面积产生明显的影响。

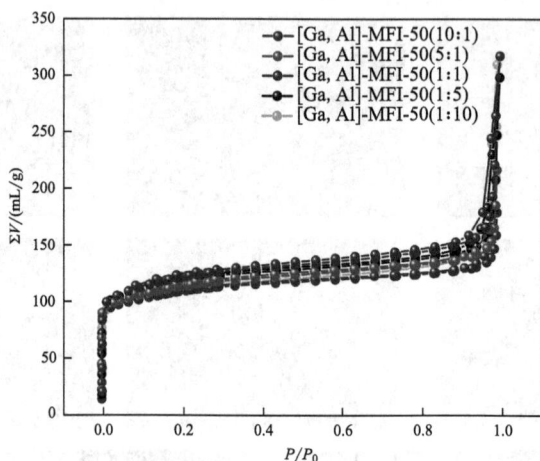

图4-9　不同镓铝比的[Ga,Al]-MFI-50的N_2吸附-脱附曲线

表4-2　不同镓铝比的[Ga,Al]-MFI-50的比表面积和孔结构

样品	SSA_{BET}/（m^2/g）	V_{total}/（m^2/g）	D_{ave}/nm
[Ga,Al]-MFI-50（1∶10）	368	0.46	0.60

续表

样品	SSA_{BET}/（m^2/g）	V_{total}/（m^2/g）	$D_{ave.}$/nm
[Ga,Al]-MFI-50（1∶5）	379	0.38	0.61
[Ga,Al]-MFI-50（1∶1）	372	0.48	0.61
[Ga,Al]-MFI-50（5∶1）	367	0.33	0.60
[Ga,Al]-MFI-50（10∶1）	352	0.28	0.61

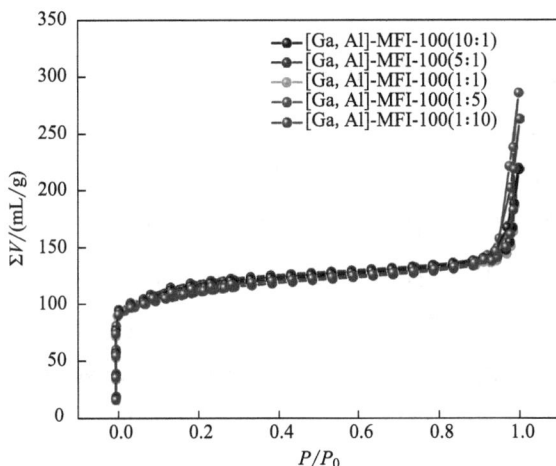

图 4-10 不同镓铝比的 [Ga,Al]-MFI-100 的 N_2 吸附 – 脱附曲线

不同镓铝比的[Ga,Al]-MFI-100的氮气吸附–脱附曲线如图4-10所示。与[Ga,Al]-MFI-50的吸附等温线相似，所有的分子筛样品在相对压力较低的范围内均表现出了强烈的单层吸附特征，表示[Ga,Al]-MFI-100分子筛中存在大量的微孔结构。所有样品的平均孔径和比表面积列于表4-3。样品的比表面积分布范围为358m^2/g ~ 369m^2/g，孔隙大小均在0.60nm左右。通过对不同原子比例的双金属[Ga,Al]-MFI分子筛进行孔结构表征得知，Ga的引入并未改变分子筛的孔结构，说明Ga在材料中的分布较为均匀，对材料的结构并未产生明显的改变。

表4-3 不同镓铝比的[Ga,Al]-MFI-100的比表面积和孔结构

样品	SSA_{BET}/（m^2/g）	V_{total}/（m^2/g）	$D_{ave.}$/nm
[Ga,Al]-MFI-100（1∶10）	358	0.36	0.59
[Ga,Al]-MFI-100（1∶5）	358	0.41	0.60
[Ga,Al]-MFI-100（1∶1）	366	0.31	0.61

样品	$SSA_{BET}/(m^2/g)$	$V_{total}/(m^2/g)$	$D_{ave.}/nm$
[Ga,Al]–MFI–100（5∶1）	369	0.32	0.59
[Ga,Al]–MFI–100（10∶1）	359	0.31	0.59

4.2.6　NH₃-TPD 表征

不同镓铝比的[Ga,Al]–MFI–50分子筛的NH₃-TPD曲线如图4–11所示，材料均呈现出相同的吸附-脱附趋势。不同镓铝比的[Ga,Al]–MFI–50在150～200℃和300～400℃处均具有两个不同的脱附峰。其中位于150～200℃之间的信号峰，归属于吸附在弱酸位点上或物理吸附产生的NH₃的脱附峰。而[Ga,Al]–MFI–50位于300～400℃之间的信号峰则是由于结合在较强的酸性位点上NH₃的脱附峰。并且可以从图4–11中看出，随着Al比例在分子筛骨架中的增加，NH₃的脱附信号也向更高的温度移动。当[Ga,Al]–MFI–50的镓铝比从10∶1逐渐降低到1∶10时，脱附中心温度从340℃移动到370℃。并且由表4–4中所列数据可以得出，随着Ga含量的降低，总酸含量由[Ga,Al]–MFI–50（10∶1）的0.350mmol/g升高至[Ga,Al]–MFI–50（1∶10）的0.615mmol/g。所有[Ga,Al]–MFI–50催化剂样品的中强酸位点数与弱酸位点数之比均约为7∶3。

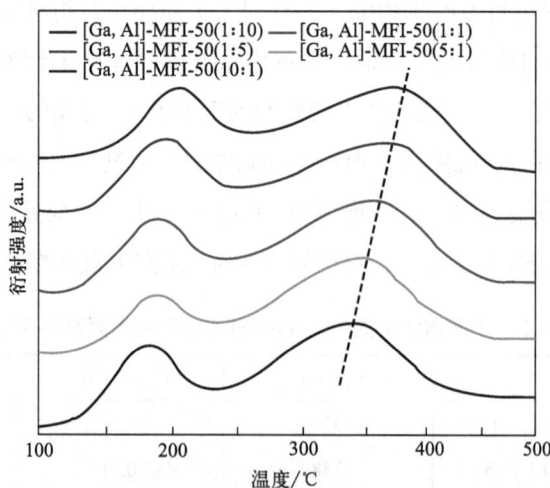

图4-11　不同镓铝比的 [Ga,Al]-MFI-50 分子筛的 NH₃-TPD 曲线

表4-4 不同镓铝比的[Ga,Al]-MFI-50分子筛的总酸量

样品	总酸量/（mmol/g）
[Ga,Al]-MFI-50（1:10）	0.615
[Ga,Al]-MFI-50（1:5）	0.543
[Ga,Al]-MFI-50（1:1）	0.521
[Ga,Al]-MFI-50（5:1）	0.437
[Ga,Al]-MFI-50（10:1）	0.350

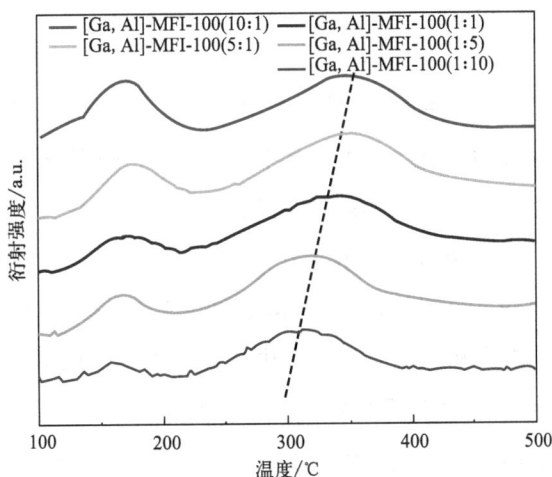

图4-12 不同镓铝比的 [Ga,Al]-MFI-100 的 NH_3-TPD 曲线

不同镓铝比的[Ga,Al]-MFI-100分子筛的NH_3-TPD曲线如图4-12所示，不难发现与[Ga,Al]-MFI-50分子筛相比，虽然改变了分子筛中硅原子的比例，但是信号峰的趋势仍然高度一致。不同镓铝比的[Ga,Al]-MFI-100同样在150～200℃和300～400℃处具有两个不同的脱附峰。说明[Ga,Al]-MFI-100分子筛材料中也同时存在弱酸中心和强酸中心。从图4-12也可得出，随着Al比例在分子筛骨架中的增加，NH_3的脱附信号也向更高的温度移动。当[Ga,Al]-MFI-100的镓铝比从10:1逐渐降低到1:10时，脱附中心温度从320℃移动到353℃。并且从表4-5所列数据可以得出，随着Ga含量的降低，总酸含量由[Ga,Al]-MFI-100（10:1）的0.146mmol/g升高至[Ga,Al]-MFI-100（1:10）的0.306mmol/g。

表4-5　不同镓铝比的[Ga,Al]-MFI-100分子筛的总酸量

样品	总酸量/（mmol/g）
[Ga,Al]-MFI-100（1∶10）	0.306
[Ga,Al]-MFI-100（1∶5）	0.281
[Ga,Al]-MFI-100（1∶1）	0.216
[Ga,Al]-MFI-100（5∶1）	0.172
[Ga,Al]-MFI-100（10∶1）	0.146

4.2.7　Py-IR表征

由之前部分可知Brønsted酸性位点是甲醛合成三聚甲醛反应的活性位点，而Lewis酸性位点会使甲醛歧化生成甲醇和甲酸。因此，确定分子筛样品的不同酸性位点的密度较为重要。Py-IR收集到的材料中Brønsted酸密度和Lewis酸密度的结果如图4-13所示。不同镓铝比的[Ga,Al]-MFI-50分子筛均在1450cm^{-1}和1545cm^{-1}附近出现两个吸收峰，分别归属于Brønsted酸性位点和Lewis酸性位点[129, 130]。表4-6为[Ga,Al]-MFI-50的酸密度数据。其中[Ga,Al]-MFI-50（10∶1）只含有少量的Lewis酸中心，其Lewis酸密度是0.036mmol/g。值得注意的是随着镓铝比从10∶1逐渐降低到1∶10，Brønsted酸密度总体呈现先升高后降低的趋势。其中[Ga,Al]-MFI-50

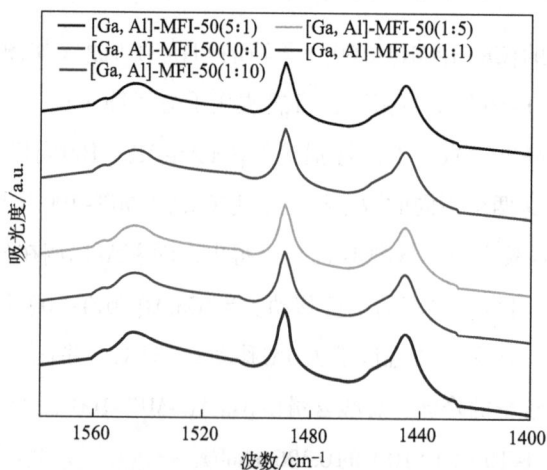

图4-13　不同镓铝比的[Ga,Al]-MFI-50的Py-IR谱图

（1∶1）的Brønsted酸密度为0.415mmol/g，高于其他四种比例的分子筛。而Lewis酸密度则随着镓铝比的降低而逐渐从0.036mmol/g增加到0.137mmol/g。Brønsted酸/Lewis酸值的总体趋势与Lewis酸密度相反，呈现出降低的趋势。与单金属[Ga]-MFI-50分子筛相比，双金属的Brønsted酸密度较高。

表4-6　[Ga,Al]-MFI-50分子筛的酸性质

样品	Brønsted酸量/（mmol/g）	Lewis酸量/（mmol/g）	Brønsted酸/Lewis酸
[Ga,Al]-MFI-50（1∶10）	0.289	0.137	2.1
[Ga,Al]-MFI-50（1∶5）	0.330	0.132	2.5
[Ga,Al]-MFI-50（1∶1）	0.415	0.074	5.6
[Ga,Al]-MFI-50（5∶1）	0.272	0.049	5.5
[Ga,Al]-MFI-50（10∶1）	0.214	0.036	5.9

图4-14为不同镓铝比的[Ga,Al]-MFI-100的Py-IR谱图。在1450cm^{-1}和1545cm^{-1}附近可以观察到两个吸收峰，分别归属于Brønsted酸性位点和Lewis酸性位点。表4-7为[Ga,Al]-MFI-100的酸密度数据。其规律与[Ga,Al]-MFI-50分子筛的酸密度基本相同。随着[Ga,Al]-MFI-100的镓铝比从10∶1逐渐降低到1∶10时Brønsted酸密度总体呈现先升高后降低的趋势。其中[Ga,Al]-MFI-100（1∶5）的Brønsted酸性位点最多，其酸密度为0.33mmol/g。Lewis酸密度则随着镓铝比的降低，逐渐从0.026mmol/g增加到0.088mmol/g。而[Ga,Al]-MFI-100（5∶1）的Brønsted酸/Lewis酸值最高，达到了6.1。

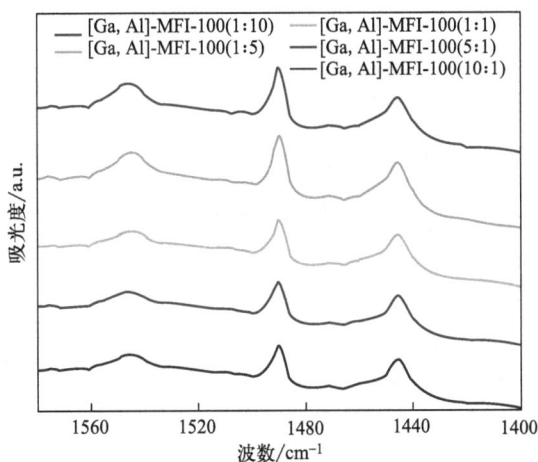

图4-14　不同镓铝比的[Ga,Al]-MFI-100的Py-IR谱图

表4-7   [Ga,Al]-MFI-100分子筛的酸性质

样品	Brønsted酸量/（mmol/g）	Lewis酸量/（mmol/g）	Brønsted酸/Lewis酸
[Ga,Al]–MFI–100（1∶10）	0.274	0.088	3.1
[Ga,Al]–MFI–100（1∶5）	0.310	0.079	4.2
[Ga,Al]–MFI–100（1∶1）	0.248	0.052	4.8
[Ga,Al]–MFI–100（5∶1）	0.203	0.033	6.1
[Ga,Al]–MFI–100（10∶1）	0.149	0.026	5.7

4.3　[Ga,Al]–MFI 催化剂性能评价

在第3章讨论了不同Ga含量的[Ga]–MFI–y分子筛对于三聚甲醛选择性以及时空产率的影响，得出[Ga]–MFI–50的综合性能最佳，[Ga]–MFI–100对三聚甲醛的选择性最高。本节首先选用了双金属的[Ga,Al]–MFI–100作为催化剂，均在其用量为3%，以64%～67%甲醛溶液作为原料，反应温度为110℃，反应时间2h的条件下，研究了不同镓铝比对产物时空产率的影响，实验结果如图4–15所示。从图中可以看出随着[Ga,Al]–MFI–100样品中Ga比例的增加，催化所得产物的时空产率呈现出先升高后逐渐降低的趋势。催化所得产物的时空产率以及甲醛转化率（Con$_{HCHO}$）

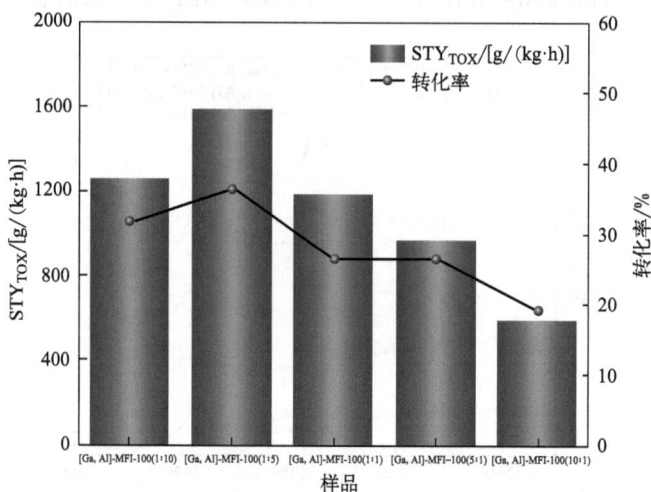

图 4–15　[Ga,Al]–MFI–100 催化所得产物的时空产率和甲醛转化率

如表4-8所示。其中当硅镓比为1∶5时，催化所得产物的时空产率为1589g/（kg·h），明显高于其他四种比例的催化剂。在硅铝比相同的条件下，[Ga]-MFI-100和[Al]-MFI-100催化所得产物的时空产率仅有537g/（kg·h）和898g/（kg·h）。可见双金属催化剂[Ga,Al]-MFI-100的催化性能远远高于单金属分子筛催化剂。

表4-8　[Ga,Al]-MFI-100分子筛催化所得产物时空产率以及甲醛转化率

样品	Con_{HCHO}/%	STY_{TOX}/[g/(kg·h)]
[Ga,Al]-MFI-100（1∶10）	31.68	1259
[Ga,Al]-MFI-100（1∶5）	36.45	1589
[Ga,Al]-MFI-100（1∶1）	26.38	1186
[Ga,Al]-MFI-100（5∶1）	26.31	977
[Ga,Al]-MFI-100（10∶1）	19.22	597

对上述所得产物组分进行分析，结果如图4-16所示。可以看出，不同镓铝比的[Ga,Al]-MFI-100对TOX的选择性均在90%以上。其中副产物甲酸的选择性从[Ga,Al]-MFI-100（5∶1）的0.82%上升到[Ga,Al]-MFI-100（1∶10）的6.39%，如表4-9所示。其中[Ga,Al]-MFI-100（5∶1）对三聚甲醛的选择性更是达到了99.09%。但是该催化剂催化所得产物的时空产率只有977g/（kg·h）。

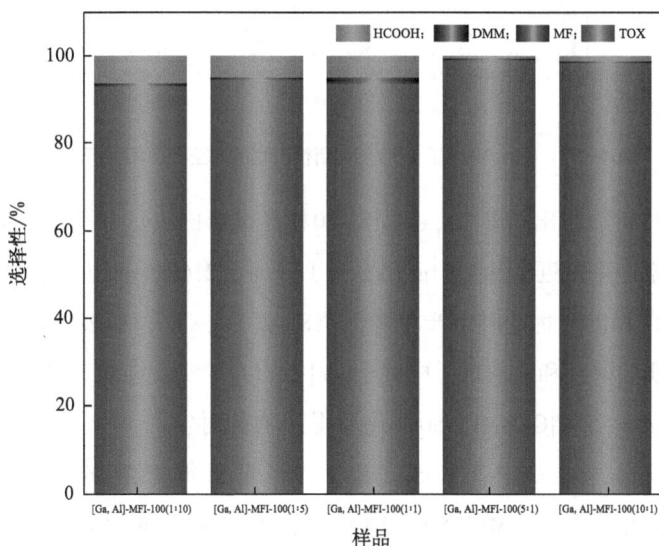

图4-16　[Ga,Al]-MFI-100催化所得TOX的选择性

表4-9　[Ga,Al]-MFI-50分子筛催化所得产物时空产率以及甲醛转化率

样品	TOX/%	MF/%	DMM/%	HCOOH/%
[Ga,Al]-MFI-100（1:10）	92.94	0.36	0.31	6.39
[Ga,Al]-MFI-100（1:5）	94.09	0.52	0.38	5.01
[Ga,Al]-MFI-100（1:1）	93.72	0.52	0.74	5.02
[Ga,Al]-MFI-100（5:1）	99.09	0	0.09	0.82
[Ga,Al]-MFI-100（10:1）	98.58	0	0.08	1.34

为了进一步提升双金属分子筛的催化性能，选用了[Ga,Al]-MFI-50作为催化剂，在和[Ga,Al]-MFI-100相同的实验条件下所得产物的时空产率如图4-17所示。

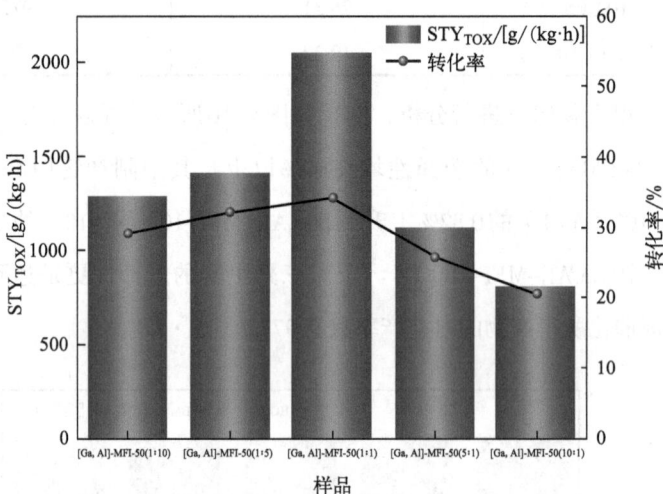

图4-17　[Ga,Al]-MFI-50催化所得产物的时空产率和甲醛转化率

从图4-17可以看出随着[Ga,Al]-MFI-50样品镓铝比从1:10升高到1:1，催化所得产物的时空产率则逐渐从1291g/（kg·h）升高至2166g/（kg·h）。进一步提升Ga的比例，可以看出产物的时空产率降低至814g/（kg·h），如表4-10所示。而根据课题组前期实验研究和之前章节中关于[Ga]-MFI-y的实验结果，与双金属分子筛硅铝比相同的ZSM-5和[Ga]-MFI-50催化所得产物的时空产率分别为1129g/（kg·h）和1006g/（kg·h）。[Ga,Al]-MFI-50（1:1）催化所得产物的时空产率是[Al]-MFI-50的1.9倍，是[Ga]-MFI-50的2.1倍。从Py-IR的结果可以发现双金属沸石的Brønsted酸密度超过了单金属沸石的Brønsted酸密度。这些数据表明，双金属沸石

的催化活性远超过单金属沸石。

表4-10 [Ga,Al]-MFI-50分子筛催化所得产物的时空产率以及甲醛转化率

样品	Con_{HCHO}/%	STY_{TOX}/[g/(kg·h)]
[Ga,Al]–MFI–50（1∶10）	29.12	1291
[Ga,Al]–MFI–50（1∶5）	32.17	1411
[Ga,Al]–MFI–50（1∶1）	34.24	2166
[Ga,Al]–MFI–50（5∶1）	25.52	1286
[Ga,Al]–MFI–50（10∶1）	20.63	814

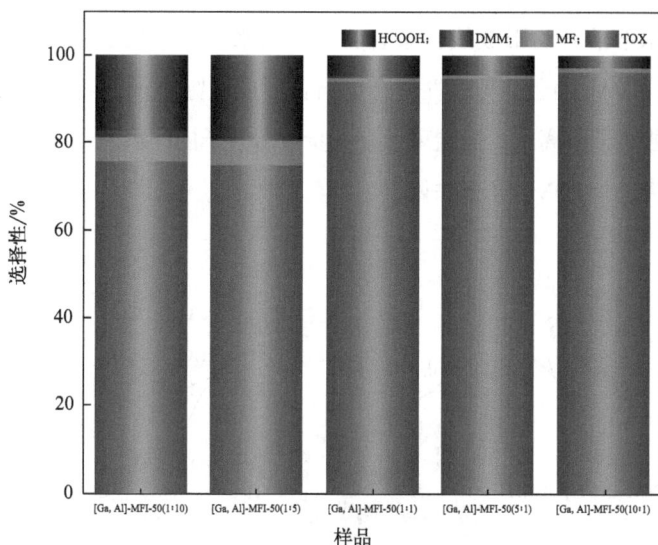

图4-18 [Ga,Al]-MFI-50 催化所得 TOX 的选择性

从图4-18可以看出，随着Ga比例的增加，TOX选择性逐渐从76.01%提高到96.25%。其中[Ga,Al]-MFI-50（1∶1）催化所得TOX的选择性为94.93%，略低于[Ga]-MFI-50。对于单金属催化剂，[Ga]-MFI-50催化所得TOX的选择性相对于[Al]-MFI-50较高，但后者催化所得产物的时空产率更高。[Ga,Al]-MFI-50分子筛催化对产物的选择性如表4-11所示。在[Al]-MFI分子筛框架中引入Ga，使[Ga,Al]-MFI-50催化所得产物的STY_{TOX}和选择性得到显著提高。综上所述，双金属[Ga,Al]-MFI-50（1∶1）分子筛的催化性能最佳。

表4-11 [Ga,Al]-MFI-50分子筛催化对产物的选择性

样品	TOX/%	MF/%	DMM/%	HCOOH/%
[Ga,Al]–MFI–50（1∶10）	76.01	5.23	1.52	17.23
[Ga,Al]–MFI–50（1∶5）	77.05	5.57	0.72	16.66
[Ga,Al]–MFI–50（1∶1）	94.16	0.7	0.47	4.67
[Ga,Al]–MFI–50（5∶1）	94.93	0.45	0.11	4.5
[Ga,Al]–MFI–50（10∶1）	96.25	0.87	0.34	2.54

4.4 [Ga,Al]–MFI 催化甲醛合成 TOX 机理分析

甲醛的水溶液容易形成线性聚合物，可在水溶液中质子化。如图4-19所示，沸石中Si–O–Ga/Al上的H$^+$与线性聚合物结合形成氧鎓离子，氧鎓离子再除去一分子水形成碳酸离子阳离子。当碳离子进一步攻击分子内的氧原子时，就会发生分子间环化。最终一个TOX分子被去除。

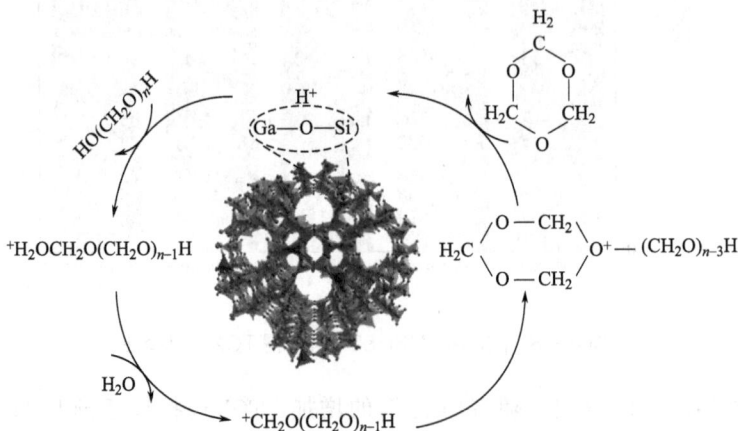

图4-19 [Ga,Al]-MFI 催化甲醛合成 TOX 的机理

第 5 章
催化剂的合成
条件对三聚甲
醛反应的影响

5.1　概述

之前的研究表明，筛选出的三种 Ⅲ A 族元素中 Ga 合成的 [Ga]–MFI 分子筛对三聚甲醛的选择性最高，双金属 [Ga,Al]–MFI-y 分子筛在保证较高选择性的情况下活性最好，催化合成三聚甲醛的时空产率最高。因此，前面的章节锁定了甲醛合成三聚甲醛较理想的催化剂类型，也阐述了影响催化剂催化性能的主要原因是分子筛中的 Brønsted 酸性位点和 Lewis 酸性位点，还探讨了不同元素以及硅与不同元素比对酸性质及其催化性能的影响。那么影响催化剂酸性质的原因除了元素本质、Si 的摩尔量外还有很多，如模板剂、镓源、辅助剂等，当然还有晶型、晶化时间等也会对反应有一定的影响。

为了探讨分子筛酸性质及催化性能，可运用控制变量的方法保证合成催化剂的方法、晶化时间、模板剂、镓源一致。使用四丙基氢氧化铵为模板剂，由于 TPA$^+$ 分子结构较大，占据空间位置会导致酸中心主要分布在孔道交叉处[131, 132]。若添加 Na$^+$，由于其半径小，不仅可以平衡骨架的结构，还可散布在孔道内的任意位置，故可以使得酸中心分布于交叉处或直孔孔道处。而常用的模板剂正丁胺[133]、季戊四醇[134] 等也可改变酸中心的分布。除模板剂的结构导向功能外，原料中的其他电荷粒子也会对分子筛酸性质产生影响。因为晶化过程中，阴离子对阳离子的极化大小间接影响凝胶的晶化过程[135]。含不同阴离子的镓源，如无水 GaCl$_3$、Ga$_2$O$_3$、Ga$_2$(SO$_4$)$_3$ 等原料，在溶液中解离能力不同、极化能力不同，都可能影响活性元素在骨架中的位置和分布[136]，进而影响催化效果。前文已阐述分子筛中 Brønsted 酸中心来源于四配位骨架铝（或镓）吸附氢离子形成的桥式羟基。Lewis 酸中心来源于骨架外铝（或镓）物种。不稳定的 Brønsted 酸与邻近硅羟基结构缺陷脱水也会形成 Lewis 酸中心，而氟化物作为辅助合成助剂参与分子筛合成可以减少分子筛表面的硅羟基结构缺陷[137, 138]。Wang 等[139] 采用不同硅源硅溶胶和正硅酸乙酯研究了 Al 在 ZSM-5 和 ZSM-11 骨架结构中分布的不同导致的 MTO 催化性能的差异，说明硅源的不同也会影响催化效果。

除了模板剂、镓源、铝源外，晶体形貌对分子筛酸性质及催化性能也有很大的影响[140,141]。而晶化时间对晶体的形成有重要的影响[142,143]。根据化学反应动力学原理，为了提高 ZSM-5 分子筛的可及性和扩散效率，近年来人们采用了不同的方法对 ZSM-5分子筛进行形态和结构改性，如将 ZSM-5分子筛缩小到纳米尺度[144, 145]。其中，在合成片状沸石过程中，减小沸石晶体的厚度对减小扩散路径具有显著的潜力。关键的里程碑是 Ryoo等人[146]开发的 ZSM-5纳米片。这种极薄的 ZSM-5纳米片在大分子参与的反应和 MTH反应中表现出显著的催化活性和稳定性。在此基础上，进一步研究了具有特殊性能的片状 ZSM-5分子筛的制备工作。

5.2 不同模板剂合成 [Ga]-MFI-50 和 [Ga,Al]-MFI-50 分子筛及其催化性能评价

5.2.1 X射线粉末衍射谱图

根据前几章的研究内容，通过对催化剂筛选和改性发现[Ga]-MFI-50和[Ga,Al]-MFI-50的催化性能较好。而模板剂在分子筛的合成过程中起着重要的导向作用，本节分别采用四丙基氢氧化铵（TPAOH）、四丙基溴化铵（TPABr）、正丁胺（NBA）和季戊四醇（PER）作为模板剂合成了[Ga]-MFI-50分子筛和[Ga,Al]-MFI-50分子筛。所得样品的 XRD谱图如图5-1所示。所有分子筛的 XRD谱图均呈现 MFI拓扑结构特征，在 $2\theta=7.8°$、$8.7°$、$23.1°$、$23.8°$和$24.3°$处存在明显的特征衍射峰。计算 $22.5° \sim 23.5°$的特征峰面积，以[Al]-MFI-50样品为基准，计算它们的相对结晶度，所有样品的结晶度均高于94%。通过表5-1的 ICP元素分析得知，不同

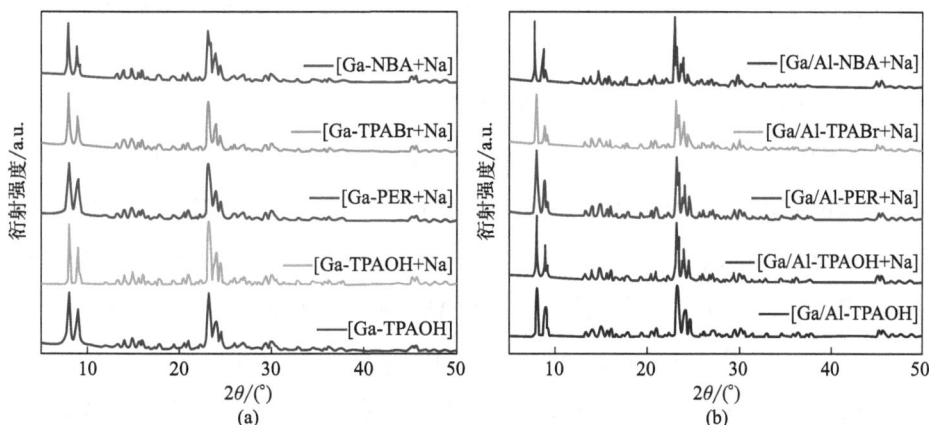

图 5-1 不同模板剂合成的 [Ga]-MFI-50（a）和 [Ga,Al]-MFI-50（b）的 XRD 谱图

模板剂合成的[Ga]-MFI-50分子筛和[Ga,Al]-MFI-50分子筛中活性金属元素与硅的
比例相近，无太大差距。

表5-1   不同模板剂合成样品的相对结晶度和原子含量

样品	Al含量/%	Ga含量/%	Si：（Al，Ga）	相对结晶度/%
[Ga-TPAOH+Na]	0	1.48	67.43	96.5
[Ga-TPABr+Na]	0	1.88	56.32	97.8
[Ga-NBA+Na]	0	1.53	62.47	94.8
[Ga-PER+Na]	0	1.50	65.24	95.2
[Ga/Al-TPAOH+Na]	1.21	1.13	51.64	96.7
[Ga/Al- TPABr+Na]	1.19	1.08	49.94	97.4
[Ga/Al- NBA+Na]	1.11	1.01	58.94	95.2
[Ga/Al- PER+Na]	1.20	1.12	51.25	96.7

5.2.2   固体核磁谱图分析

为了进一步比较不同模板剂合成的[Ga]-MFI-50分子筛和[Ga,Al]-MFI-50分子
筛中Ga和Al的位置，分别通过 ^{71}Ga MAS NMR 和 ^{27}Al MAS NMR 对样品进行表征，
结果如图5-2所示。由图5-2（a）可以看出不同模板剂合成的[Ga]-MFI-50分子筛
均在100～200之间存在信号峰。这是归属于四配位Ga的信号峰，证明不同模板
剂合成的分子筛中均存在四配位骨架Ga物种。由于Ga的低对称性，无法通过固体
核磁确定其骨架外Ga物种的比例。

图5-2（b）为[Ga,Al]-MFI-50的 ^{71}Ga MAS NMR 谱图。同样均在100～200之
间出现信号峰。说明[Ga,Al]-MFI-50也存在四配位骨架Ga物种。图5-2（c）为
[Ga,Al]-MFI-50的 ^{27}Al MAS NMR 谱图，所有样品在55处均存在较强的信号峰，这
是属于骨架中四配位Al物种的信号峰。而在0左右的信号为八面体配位的骨架外Al
物种。谱图中在30处并未发现关于五配位Al物种和其他配位情况的Al物种。通过
对峰面积进行计算，可得出[Ga，Al-TPAOH+Na]、[Ga，Al-TPABr+Na]、[Ga，Al-
NBA+Na]和[Ga，Al-PER+Na]中骨架铝的占比分别为97.38%、97.34%、94.41%和
93.63%，说明在分子筛中Al主要以四配位骨架Al形式存在。

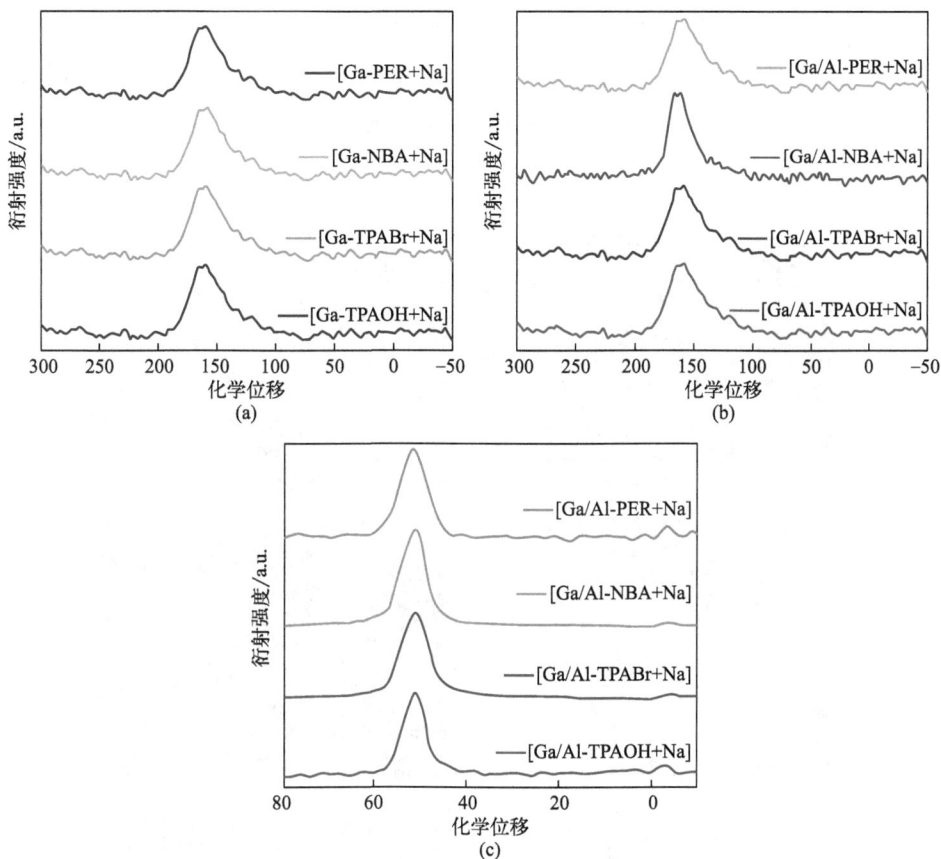

图5-2　不同模板剂合成的 [Ga]-MFI-50 的 ^{71}Ga MAS NMR 谱图（a）；不同模板剂合成的 [Ga,Al]-MFI-50 的 ^{71}Ga MAS NMR 谱图（b）和 ^{27}Al MAS NMR 谱图（c）

5.2.3　SEM 形貌分析

不同模板剂合成的[Ga]-MFI-50分子筛和[Ga,Al]-MFI-50分子筛的SEM图像如图5-3所示。可以看出不同模板剂对分子筛的形貌有着显著的影响，其中使用TPAOH和硫酸钠同时作为模板剂所得[Ga]-MFI-50和[Ga,Al]-MFI-50的形貌与只使用TPAOH作为模板剂的分子筛形貌相同，均呈现出类似于不规则棱柱体的形貌，且平均粒径在220nm左右。当使用TPABr作为模板剂时，所得[Ga]-MFI-50分子筛晶粒呈现更大的片层重叠纳米球状。而[Ga/Al-TPABr+Na]表现更为明显，片层更密集且更加接近球形。两者的粒径均在1.2μm左右。当模板剂为NBA+Na时，可以看出[Ga–NBA+Na]和[Ga/Al–NBA+Na]的形貌相同，均为b轴较短的棱柱体。当使用PER+ Na作为模板剂时，可以看出[Ga–PER+Na]呈现出纳米花形貌，由分子筛薄片组成，粒径为1.5μm左右。而[Ga/Al–PER+Na]则呈现出由更厚一些的分子筛晶体组成的纳米花形貌。

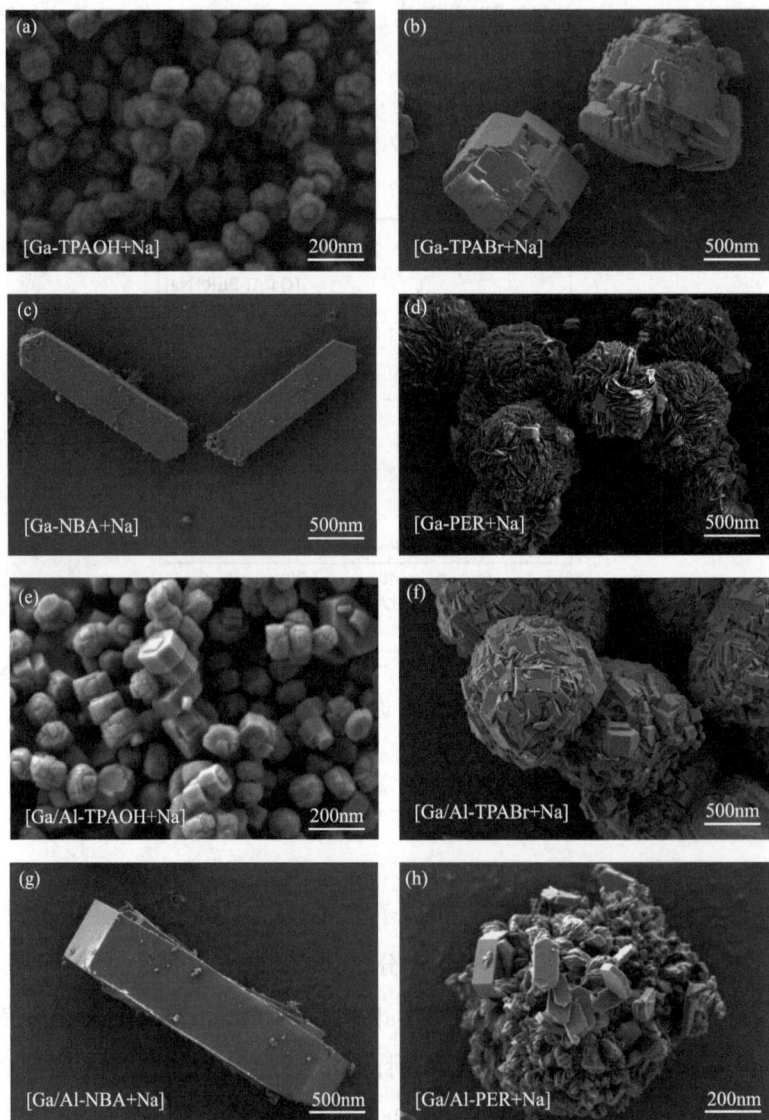

图5-3　不同模板剂合成的[Ga]-MFI-50[（a）~（d）]和
[Ga,Al]-MFI-50[（e）~（h）]的SEM谱图

5.2.4　催化剂孔结构表征

不同模板剂合成的分子筛的 N_2 吸附-脱附曲线如图5-4所示，可以看出模板剂的不同对分子筛的比表面积有较为明显的影响。所有样品的吸附曲线均在相对压力 P/P_0 小于0.2的范围内出现明显的拐点和平台，吸附量在此范围内迅速上升并趋于稳定，这说明材料中均存在微孔结构。并且在相对压力 P/P_0 大于0.4的范围内均出现明显的平台且未发现回滞现象。不同模板剂的孔结构和比表面积数据列于表5-2。从数据中可以得知使用TPAOH+Na和TPABr+Na作为模板剂时，所得分子筛的比表面积较为接近，分布在389 m^2/g ～ 438 m^2/g 之间。而使用NBA+Na作为模板剂时，可以看出[Ga-NBA+Na]和[Ga/Al-NBA+Na]的比表面积迅速下降。当使用PER+Na作为模板剂时，所得分子筛的比表面积最小，[Ga-PER+Na]和[Ga/Al-PER+Na]的比表面积分别为134 m^2/g 和110 m^2/g。但是所有分子筛的孔径基本保持一致，平均孔径分布在0.60nm左右。

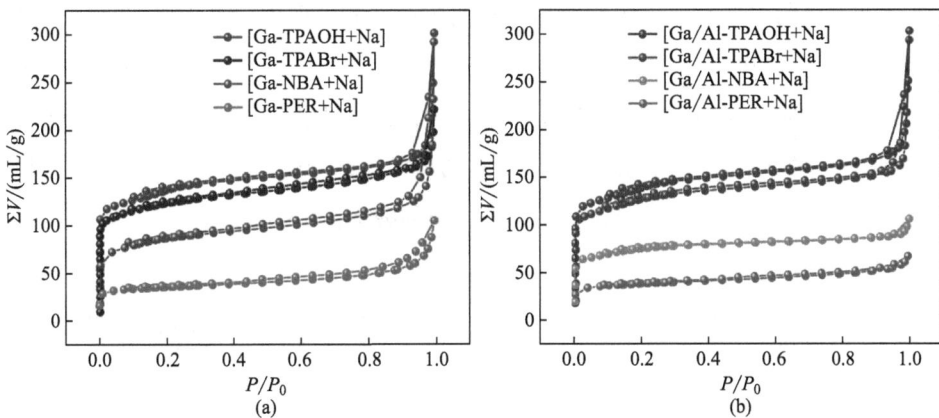

图5-4　不同模板剂合成的[Ga]-MFI-50（a）和[Ga,Al]-MFI-50（b）的氮气吸附-脱附曲线

表5-2　不同模板剂合成的[Ga]-MFI-50和[Ga,Al]-MFI-50的比表面积和孔结构

样品	SSA_{BET}/（m^2/g）	V_{total}/（m^2/g）	$D_{ave.}$/nm
[Ga–TPAOH+Na]	438	0.40	0.63
[Ga–TPABr+Na]	413	0.21	0.60
[Ga–NBA+Na]	227	0.15	0.64
[Ga–PER+Na]	134	0.13	0.63

续表

样品	SSA_{BET}/（m²/g）	V_{total}/（m²/g）	D_{ave}/nm
[Ga/Al–TPAOH+Na]	396	0.37	0.63
[Ga/Al–TPABr+Na]	389	0.24	0.62
[Ga/Al–NBA+Na]	231	0.15	0.59
[Ga/Al–PER+Na]	110	0.09	0.60

5.2.5　NH₃-TPD 表征

　　不同模板剂合成的[Ga]–MFI–50和[Ga,Al]–MFI–50分子筛的NH₃–TPD曲线如图5-5所示。所有分子筛均出现了两个脱附信号峰。分别位于150℃~240℃的低温峰位和350℃~400℃的高温峰位。说明材料中同时存在弱酸中心和强酸中心。不同模板剂的总酸量如表5-3所示，不同模板剂合成的[Ga]–MFI–50分子筛的强酸密度占比为80%左右，弱酸密度占比为20%左右。而[Ga,Al]–MFI–50分子筛强酸密度占比为70%左右，弱酸密度占比为30%左右。对于[Ga]–MFI–50、[Ga,Al]–MFI–50分子筛，当使用TPAOH作为模板剂时，其酸量最多且强酸量多。TPAOH和TPAOH+Na作为模板剂时的酸量较高，这两种模板剂合成的[Ga]–MFI–50催化剂酸量在0.12mmol/g以上，合成的[Ga,Al]–MFI–50的酸量在0.33mmol/g以上。

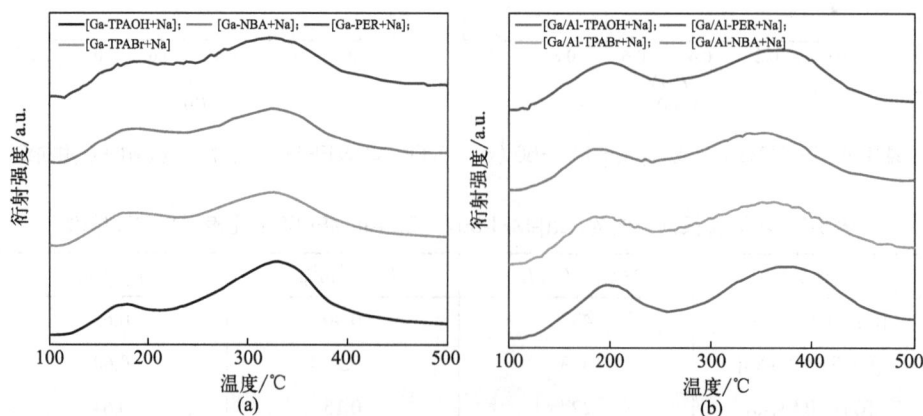

图 5-5　不同模板剂合成的 [Ga]-MFI-50（a）和 [Ga,Al]-MFI-50（b）的 NH₃-TPD 曲线

表5-3 不同模板剂合成的 [Ga]-MFI-50 和 [Ga,Al]-MFI-50 的总酸量

样品	总酸量 /（mmol/g）
[Ga–TPAOH+Na]	0.2624
[Ga–TPABr+Na]	0.2204
[Ga–NBA+Na]	0.2534
[Ga–PER+Na]	0.1264
[Ga/Al–TPAOH+Na]	0.5011
[Ga/Al–TPABr+Na]	0.4731
[Ga/Al–NBA+Na]	0.3532
[Ga/Al–PER+Na]	0.3357

5.2.6 Py-IR 表征

图5-6中为不同模板剂合成的[Ga]-MFI-50和[Ga,Al]-MFI-50分子筛的吡啶红外表征结果。可以看出所有分子筛均在1450cm^{-1}和1545cm^{-1}附近出现两个吸收峰，分别归属于Brønsted酸性位点和Lewis酸性位点。表5-4为分子筛的酸密度数据，从表中可以看出使用TPAOH+Na和TPABr+Na作为模板剂时，分子筛的Brønsted酸密度较为接近，并且与单独使用TPAOH模板剂时所得到的[Ga]-MFI-50和[Ga,Al]-MFI-50分子筛的Brønsted酸密度也比较接近。值得注意的是当模板剂为NBA+Na和

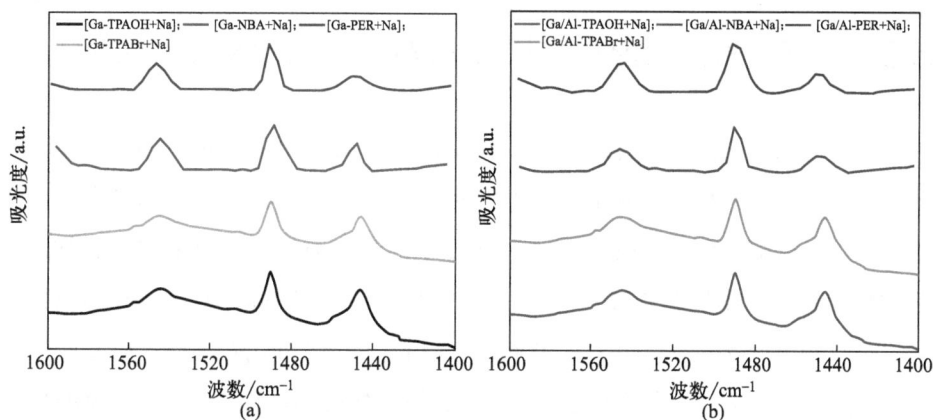

图5-6 不同模板剂合成的 [Ga]-MFI-50（a）和 [Ga,Al]-MFI-50（b）的 Py-IR 谱图

PER+Na时所得分子筛的Brønsted酸密度出现大幅度降低，出现这种情况的原因是[Ga–NBA+Na]、[Ga–PER+Na]、[Ga/Al–NBA+Na]和[Ga/Al–PER+Na]的比表面积和孔体积较低，并且所得分子筛粒径较大且呈现片状结构，从而导致所得材料Brønsted酸密度较低。不同模板剂[Ga]–MFI-50分子筛Brønsted酸/Lewis酸值的大小顺序从高到低排列为[Ga–TPAOH+Na]> [Ga–TPABr+Na] > [Ga–NBA+Na] > [Ga–PER+Na]。不用模板剂合成的双金属分子筛材料的Brønsted酸/Lewis酸值的大小顺序与上述顺序相同。综合以上表征结果可知，模板剂的改变并没有改变分子筛的拓扑结构，但是对于分子筛的形貌、粒径、比表面积和酸密度都有着一定的影响。

表5-4 不同模板剂合成的[Ga]-MFI-50和[Ga,Al]-MFI-50的酸性质

样品	Brønsted酸量/（mmol/g）	Lewis酸量/（mmol/g）	Brønsted酸/Lewis酸
[Ga–TPAOH+Na]	0.179	0.030	5.9
[Ga–TPABr+Na]	0.164	0.043	3.8
[Ga–NBA+Na]	0.088	0.027	3.2
[Ga–PER+Na]	0.071	0.025	2.8
[Ga/Al–TPAOH+Na]	0.411	0.076	5.4
[Ga/Al–TPABr+Na]	0.390	0.085	4.6
[Ga/Al–NBA+Na]	0.109	0.035	3.1
[Ga/Al–PER+Na]	0.081	0.029	2.8

5.2.7 不同模板剂合成的 [Ga]-MFI-50 的催化性能评价

分别使用不同模板剂合成的[Ga]-MFI-50分子筛，均在用量为3%，反应温度为110℃，反应时间2h的条件下对其性能进行评价，实验结果如图5-7所示。从图中可以看出[Ga-TPAOH]催化所得产物的时空产率和对三聚甲醛的选择性均高于其他催化剂，具体数据如表5-5所示。当使用TPAOH的同时加入Na⁺作为模板剂时，可以看出产物的时空产率从1006g/（kg·h）降低至861g/（kg·h）。这是因为ZSM-5分子筛是由直形孔道和正弦孔道组成的三维孔道体系，当使用TPAOH作为模板剂时，在晶化过程中分子结构较大的TPA⁺位于ZSM-5分子筛的交叉孔道处，

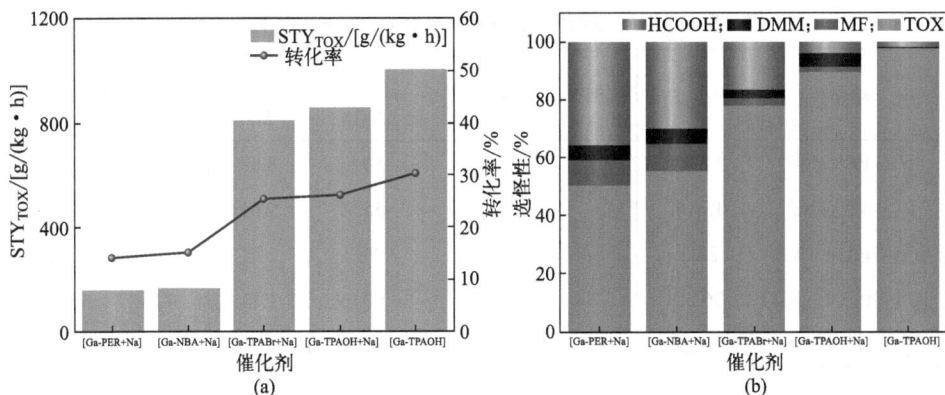

图5-7 不同模板剂合成的 [Ga]-MFI-50 催化所得产物的时空产率和甲醛转化率（a）；
[Ga]-MFI-y 催化所得 TOX 的选择性和 Brønsted 酸/Lewis 酸值（b）

而其四个链分别伸向正弦孔道和直形孔道的四个方向，使得酸中心主要聚集在孔道交叉处。而在体系中加入 Na⁺ 时，除了 TPA⁺ 所带正电荷可以平衡负电荷之外，Na⁺也起到平衡骨架的作用。而 Na⁺ 半径较小，所以使得部分骨架金属离子分布在直形孔道和正弦孔道内部。而在催化合成三聚甲醛的过程中所需空间较大，所以孔道交叉处的 Brønsted 酸性位点的数量对催化剂的性能有重要影响。因此，在体系中加入 Na⁺ 后，其选择性和时空产率均有所降低。

使用 TPAOH 和 TPABr 作为模板剂时，在晶化过程均为 TPA⁺ 平衡骨架中的负电荷，但是从图5-7可以得出 [Ga-TPABr+Na] 催化所得产物的时空产率低于 [Ga-TPAOH+Na]。从 SEM 形貌表征可知 [Ga-TPABr+Na] 的粒径大于 [Ga-TPAOH+Na]，这在一定程度上降低了传质速率。NBA 为较小的直链模板剂，因此 [Ga-NBA+Na] 中骨架金属位点分布较为均匀。但是通过 BET 发现通过 NBA 合成的分子筛比表面积和孔体积较小，说明材料中缺乏微孔，反应大部分可能在催化剂的表面进行。并且通过 Py-IR 结果可知其 Brønsted 酸密度较低，因此其催化所得产物的时空产率仅有 168g/（kg·h）。模板剂 PER 为中性分子，无法平衡骨架中的负电荷，所以只能依赖于 Na⁺ 平衡电荷，因此 [Ga-PER+Na] 中的 Brønsted 酸性位点主要分布于直形孔道和正弦孔道内部。通过实验结果可知其比表面积和 Brønsted 酸密度同样较低，因此 [Ga-PER+Na] 的催化活性较差。

表5-5　不同模板剂合成[Ga]-MFI-50分子筛催化性能数据

样品	Con_HCHO/%	STY_TOX/[g/(kg·h)]	选择性/%			
			TOX	MF	DMM	HCOOH
[Ga-PER+Na]	14.19	160	50.57	8.68	5.29	35.46
[Ga-NBA+Na]	15.16	168	55.32	9.61	5.2	29.86
[Ga-TPABr+Na]	25.3	811	78.1	2.41	3.15	16.34
[Ga-TPAOH+Na]	26.25	861	90.09	1.11	4.81	3.99
[Ga-TPAOH]	30.29	1006	97.79	0	0.2	2.01

5.2.8　不同模板剂合成的 [Ga,Al]-MFI-50 的催化性能评价

在与5.2.7部分同样的反应条件下对不同模板剂合成的[Ga,Al]-MFI-50分子筛的催化性能进行了评价,结果如图5-8所示。与单金属呈现出相同的趋势,[Ga/Al-TPAOH+Na]、[Ga/Al-TPABr+Na]、[Ga/Al-NBA+Na]和[Ga/Al-PER+Na]催化所得产物的时空产率依次降低,具体数据如表5-6所示。从数据中不难发现模板剂的改变不仅影响产物的时空产率,对甲醛的转化率也有显著影响。当使用TPAOH和TPABr作为模板剂时,Brønsted酸性位点主要位于孔道交叉处,更容易反应,因此甲醛的转化率较高,并且对TOX的选择性更高。

综上所述,不同模板剂合成的分子筛中骨架金属位点不同,导致Brønsted酸性

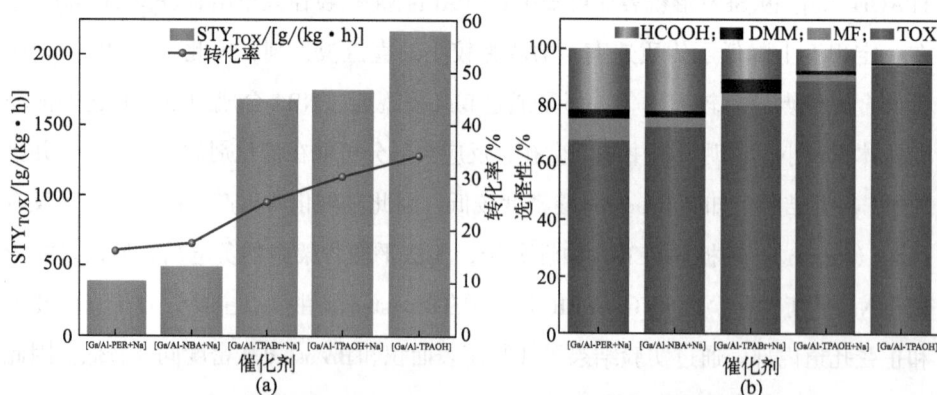

图5-8　不同模板剂合成的 [Ga,Al]-MFI-50 催化所得产物的时空产率和甲醛转化率(a);[Ga,Al]-MFI-y 催化所得 TOX 的选择性和 Brønsted 酸/Lewis 酸值(b)

位点分布不同。当使用较大的分子作为模板剂时，所得分子筛Brønsted酸性位点主要位于孔道交叉处，更有利于反应的进行。而使用较小的分子或者离子作为模板剂时，所得分子筛活性位点主要分布在孔道内部，且比表面积、孔体积和Brønsted酸密度较低。同时催化性能与分子筛的粒径也存在一定关系，粒径越小越有利于传质，催化效率越高。

表5-6　不同模板剂合成的[Ga,Al]-MFI-50分子筛的催化性能数据

样品	Con$_{HCHO}$/%	STY$_{TOX}$/[g/(kg·h)]	选择性/%			
			TOX	MF	DMM	HCOOH
[Ga/Al–PER+Na]	16.14	386	67.99	7.39	3.23	21.39
[Ga/Al–NBA+Na]	17.60	489	72.58	3.33	2.38	21.71
[Ga/Al–TPABr +Na]	25.37	1685	80.1	4.41	5.15	10.34
[Ga/Al–TPAOH+Na]	30.08	1748	88.93	2.41	1.15	7.51
[Ga/Al–TPAOH]	34.24	2166	94.16	0.7	0.47	4.67

5.3　不同镓源、硅源合成[Ga]-MFI-50和[Ga,Al]-MFI-50及其催化性能评价

5.3.1　X射线粉末衍射谱图

通过5.2部分的研究可知，模板剂对于分子筛的酸性位点分布有一定程度的影响，通过筛选得出TPAOH作为模板剂时所得分子筛的催化性能最佳。本小节则分别采用Ga(NO$_3$)$_3$、Ga$_2$(SO$_4$)$_3$和Ga$_2$O$_3$作为镓源和正硅酸乙酯合成了[Ga]-MFI-50分子筛和[Ga,Al]-MFI-50分子筛。并且还使用硅溶胶和Ga(NO$_3$)$_3$合成了上述分子筛。所得样品的XRD谱图如图5-9所示。不难发现所有样品XRD图谱均呈现MFI拓扑结构特征，在2θ=7.8°、8.7°、23.1°、23.8°和24.3°处存在明显的特征衍射峰。通过计算22.5°～23.5°的特征峰面积，以[Al]-MFI-50样品为基准，计算它们的相对结晶度。通过表5-7的ICP元素分析得知，不同硅源、镓源合成的[Ga]-MFI-50分子筛和[Ga,Al]-MFI-50分子筛中各活性金属元素与硅的比例无太大差距。

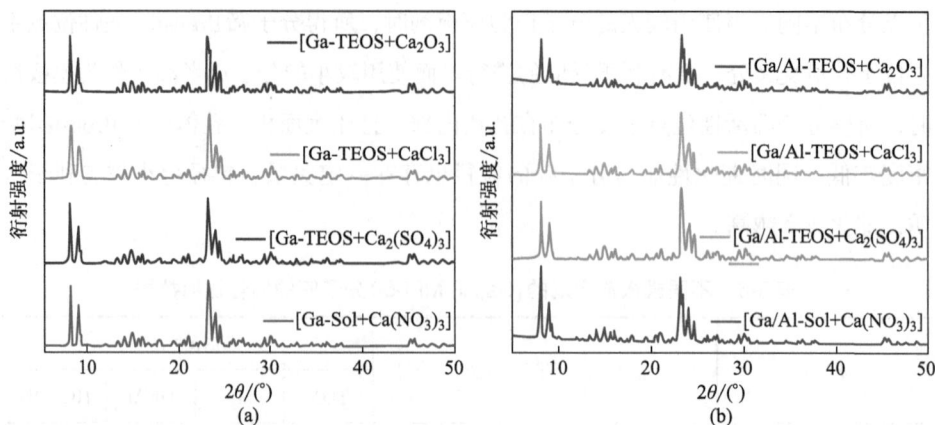

图 5-9　不同镓源、硅源合成的 [Ga]-MFI-50（a）和 [Ga,Al]-MFI-50（b）的 XRD 谱图

表 5-7　不同镓源、硅源合成样品的相对结晶度和原子含量

样品	Al 含量/%	Ga 含量/%	Si：(Al，Ga)	相对结晶度/%
[Ga−Sol+Ga(NO₃)₃]	0	1.49	65.23	96.7
[Ga−TEOS+Ga₂(SO₄)₃]	0	1.50	66.32	97.8
[Ga−TEOS+GaCl₃]	0	1.42	69.34	97.3
[Ga−TEOS+Ga₂O₃]	0	1.39	70.47	98.3
[Ga/Al−Sol+Ga(NO₃)₃]	1.18	1.01	63.87	95.9
[Ga/Al−TEOS+Ga₂(SO₄)₃]	1.23	1.02	68.94	97.2
[Ga/Al−TEOS+GaCl₃]	1.14	1.06	69.21	97.5
[Ga/Al−TEOS+Ga₂O₃]	1.31	0.98	71.64	98.1

5.3.2　固体核磁谱图分析

通过使用 ^{71}Ga MAS NMR 和 ^{27}Al MAS NMR 表征了不同镓源、硅源合成的[Ga]-MFI-50分子筛和[Ga,Al]-MFI-50分子筛中 Ga 和 Al 的位置，结果如图5-10所示。从图5-10（a）可以看出不同镓源、硅源合成的[Ga]-MFI-50分子筛同样都在100～200之间存在归属于四配位 Ga 的信号峰。证明不同镓源、硅源合成的分子筛中均存在四配位骨架 Ga 物种。由于 Ga 的低对称性，位于−7的六配位 Ga 物种无法

被检测。

图5-10（b）为不同镓源、硅源合成的[Ga,Al]-MFI-50的 ^{71}Ga MAS NMR谱图。同样都在100 ~ 200之间出现信号峰，证明了分子筛中也存在四配位骨架Ga物种。图5-10（c）为不同镓源、硅源合成的[Ga,Al]-MFI-50的 ^{27}Al MAS NMR谱图，可以看出所有样品在55处均存在属于骨架中四配位Al物种的信号峰。其中位于0左右的信号为六配位骨架外Al物种。在谱图中并未发现其他配位情况的Al物种。通过对峰面积进行计算，可得出[Ga/Al-Sol+Ga(NO$_3$)$_3$]、[Ga/Al-TEOS+Ga$_2$(SO$_4$)$_3$]、[Ga/Al-TEOS+GaCl$_3$]和[Ga/Al-TEOS+Ga$_2$O$_3$]中骨架外铝物种的占比分别为2.6%、2.7%、5.9%和8.5%。

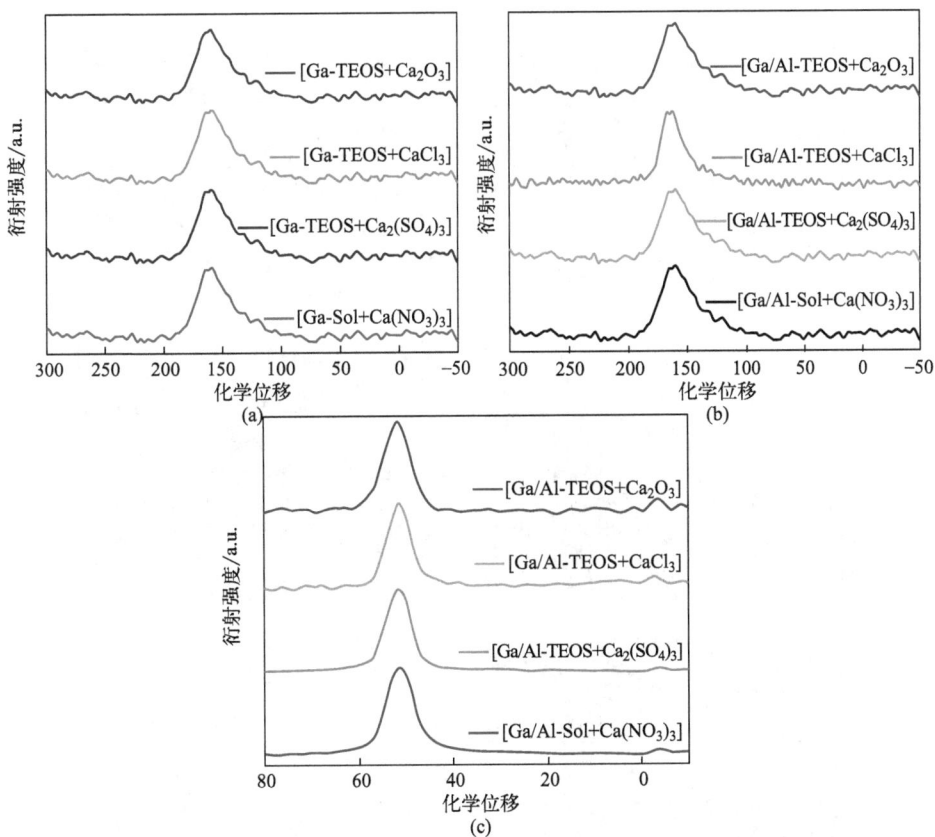

图5-10　不同镓源、硅源合成的[Ga]-MFI-50的 ^{71}Ga MAS NMR谱图（a），[Ga,Al]-MFI-50的 ^{71}Ga MAS NMR谱图（b）和 ^{27}Al MAS NMR谱图（c）

5.3.3　SEM 形貌表征

　　不同镓源、硅源合成的[Ga]–MFI–50分子筛和[Ga,Al]–MFI–50分子筛的SEM图像如图5–11所示。不同镓源和硅源对于分子筛的形貌存在一定影响。可以看出以氯化镓和硫酸镓作为镓源时其晶体形貌相似，都为纳米球状，其中硫酸镓作为镓源的晶粒粒径较小，在150nm左右，而氯化镓作为镓源所得分子筛的晶粒粒径为230nm左右。当以氧化镓为镓源时，与ZSM–5样品形貌相同，均呈现出较为规则的六棱柱状晶体。而硅溶胶作为硅源时，所得样品的晶体的粒径在500nm左右，形貌与[Ga–TPABr+Na]的形貌相似，均呈现出较为紧密的片层堆积圆球状。

图 5-11 不同硅源、镓源合成的 [Ga]-MFI-50[（a）~（d）] 和 [Ga,Al]-MFI-50
[（e）~（h）] 的 SEM 谱图

5.3.4　催化剂孔结构表征

　　不同镓源、硅源合成的分子筛的 N_2 吸附-脱附曲线如图 5-12 所示，可以看出对不同分子筛的氮气吸附量较为接近。所有样品的吸附曲线均在相对压力 P/P_0 小于 0.2 的范围内出现明显的拐点，所有分子筛的吸附等温线为典型的 I 型等温线，这说明材料中均存在微孔结构。并且在相对压力 P/P_0 大于 0.4 的范围内均出现明显的平台且未发现回滞现象。不同镓源、硅源合成的分子筛的孔结构和比表面积数据列于表 5-8。从数据中可知使用不同镓源或硅源所得分子筛的比表面积较为接近，分布在 $356m^2/g$ ~ $382m^2/g$ 之间，其平均孔径分布在 0.59nm ~ 0.64nm 之间。这说明使用不同硅源、镓源对分子筛的孔结构和比表面积的影响较小。

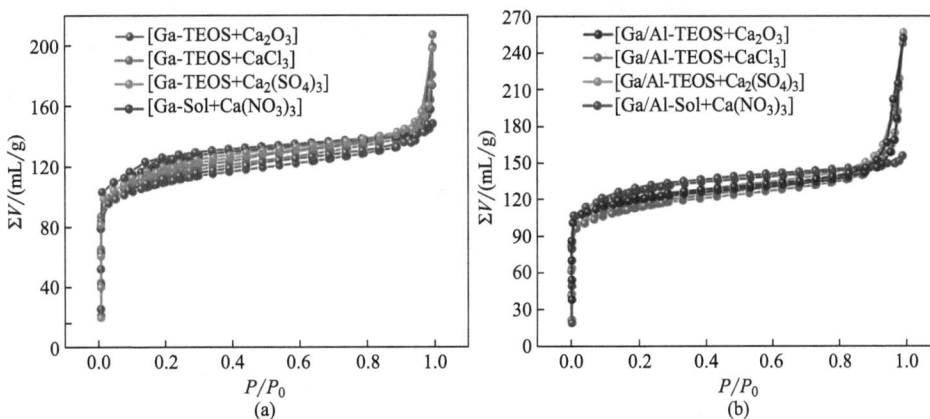

图 5-12 不同硅源、镓源合成的 [Ga]-MFI-50（a）和 [Ga,Al]-MFI-50（b）
的氮气吸附-脱附曲线

表5-8   不同硅源、镓源合成的 [Ga]-MFI-50 和 [Ga,Al]-MFI-50 的比表面积和孔结构

样品	SSA_{BET}/（m²/g）	V_{total}/（m²/g）	$D_{ave.}$/nm
[Ga-Sol+Ga(NO₃)₃]	382	0.37	0.59
[Ga-TEOS+Ga₂(SO₄)₃]	378	0.31	0.61
[Ga-TEOS+GaCl₃]	366	0.35	0.64
[Ga-TEOS+Ga₂O₃]	373	0.34	0.61
[Ga/Al-Sol+Ga(NO₃)₃]	356	0.31	0.60
[Ga/Al-TEOS+Ga₂(SO₄)₃]	373	0.35	0.59
[Ga/Al-TEOS+GaCl₃]	359	0.35	0.63
[Ga/Al-TEOS+Ga₂O₃]	369	0.38	0.60

5.3.5   NH₃-TPD 表征

不同硅源、镓源合成的 [Ga]-MFI-50 和 [Ga,Al]-MFI-50 分子筛的 NH₃-TPD 曲线如图5-13所示。可以看出所有分子筛均出现了两个脱附信号峰。分别位于 150℃～200℃ 的低温峰位和 300℃～400℃ 的高温峰位。说明材料中同时存在弱酸中心和强酸中心。样品的总酸量如表5-9所示，不同镓源或硅源合成的 [Ga]-

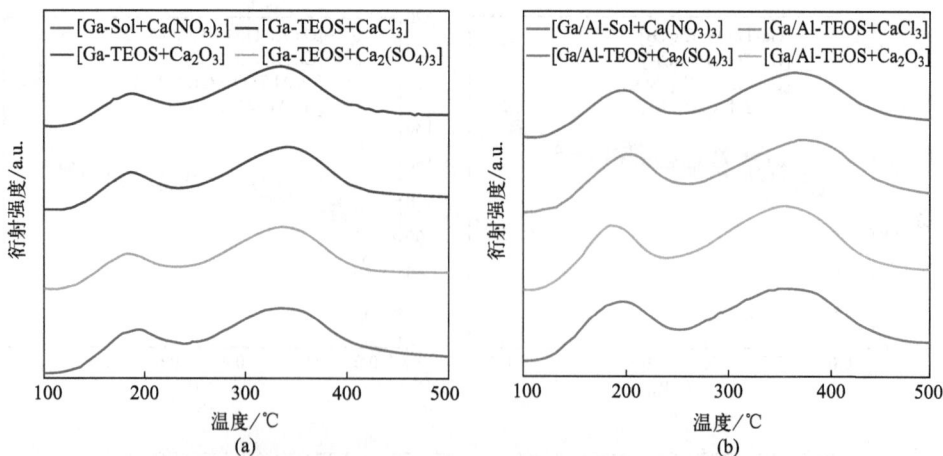

图 5-13   不同镓源、硅源合成的 [Ga]-MFI-50（a）和 [Ga,Al]-MFI-50（b）的 NH₃-TPD 曲线

MFI-50分子筛的强酸密度占比为75%左右，弱酸密度占比为25%左右。而[Ga,Al]-MFI-50强酸密度占比为70%左右，弱酸密度占比为30%左右。

表5-9　不同镓源、硅源合成的[Ga]-MFI-50和[Ga,Al]-MFI-50的总酸量

样品	总酸量/（mmol/g）
[Ga-Sol+Ga(NO$_3$)$_3$]	0.2567
[Ga-TEOS+Ga$_2$(SO$_4$)$_3$]	0.2355
[Ga-TEOS+GaCl$_3$]	0.2038
[Ga-TEOS+Ga$_2$O$_3$]	0.1713
[Ga/Al-Sol+Ga(NO$_3$)$_3$]	0.5102
[Ga/Al-TEOS+Ga$_2$(SO$_4$)$_3$]	0.4938
[Ga/Al-TEOS+GaCl$_3$]	0.4032
[Ga/Al-TEOS+Ga$_2$O$_3$]	0.3857

5.3.6　Py-IR 表征

图5-14为不同镓源和硅源合成的[Ga]-MFI-50和[Ga,Al]-MFI-50分子筛的吡啶红外表征结果。可以看出所有分子筛均出现了属于Brønsted酸性位点和Lewis酸性位点的信号峰。表5-10为分子筛的酸密度数据，从表中可以看出使用Ga$_2$(SO$_4$)$_3$和GaCl$_3$作为镓源时，分子筛的Brønsted酸密度较为接近。而使用Ga$_2$O$_3$作为镓源时，所得[Ga-TEOS+Ga$_2$O$_3$]和[Ga/Al-TEOS+Ga$_2$O$_3$]的Brønsted酸密度均出现了一定程度的降低。这是因为氧化镓在溶液中的水解度较差，相比于其他无机盐化合物，氧化镓中镓离子也更难以脱去，从而导致所得样品的骨架镓含量低于其他镓源。当使用硅溶胶作为硅源时，[Ga-Sol+Ga(NO$_3$)$_3$]与[Ga]-MFI-50的酸性质最为接近。不同镓源和硅源合成的[Ga]-MFI-50分子筛Brønsted酸/Lewis酸值的大小顺序从高到低排列为[Ga-Sol+Ga(NO$_3$)$_3$]> [Ga-TEOS+Ga$_2$(SO$_4$)$_3$] >[Ga-TEOS+GaCl$_3$] > [Ga-TEOS+Ga$_2$O$_3$]。不同镓源和硅源合成的双金属分子筛材料呈现出与上述分子筛相同的规律。

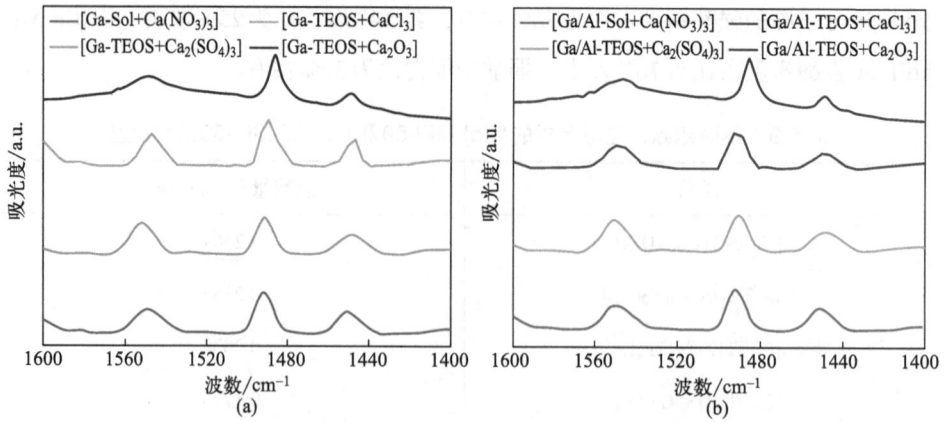

图 5-14　不同镓源、硅源合成的 [Ga]-MFI-50（a）和 [Ga,Al]-MFI-50（b）的 Py-IR 谱图

表 5-10　不同镓源、硅源合成的 [Ga]-MFI-50 和 [Ga,Al]-MFI-50 的酸性质

样品	Brønsted 酸量 /（mmol/g）	Lewis 酸量 /（mmol/g）	Brønsted 酸 /Lewis 酸
[Ga–Sol+Ga(NO₃)₃]	0.185	0.030	6.1
[Ga–TEOS+Ga₂(SO₄)₃]	0.164	0.028	5.8
[Ga–TEOS+GaCl₃]	0.159	0.027	5.9
[Ga–TEOS+Ga₂O₃]	0.147	0.029	5.1
[Ga/Al–Sol+Ga(NO₃)₃]	0.401	0.078	5.1
[Ga/Al–TEOS+Ga₂(SO₄)₃]	0.394	0.080	4.9
[Ga/Al–TEOS+GaCl₃]	0.378	0.084	4.5
[Ga/Al–TEOS+Ga₂O₃]	0.308	0.079	3.9

5.3.7　不同镓源、硅源合成的 [Ga]-MFI-50 的催化性能评价 *

　　不同镓源和硅源合成的所有 [Ga]–MFI–50 分子筛均在用量为 3%，反应温度为 110℃，反应时间 2h 的条件下，对其催化性能进行评价，实验结果如图 5–15 所示。从图 5–15（a）可以看出，使用 TEOS 作为硅源合成的分子筛高于使用硅溶胶合成的分子筛催化所得产物的时空产率。这是因为不同的硅源会改变骨架中金属元素位置。当硅溶胶作为硅源时会使得骨架金属元素更偏向于分布在孔道内部，而由正硅酸乙酯作为硅源合成的分子筛中金属元素更倾向于分布在孔道交叉处。从

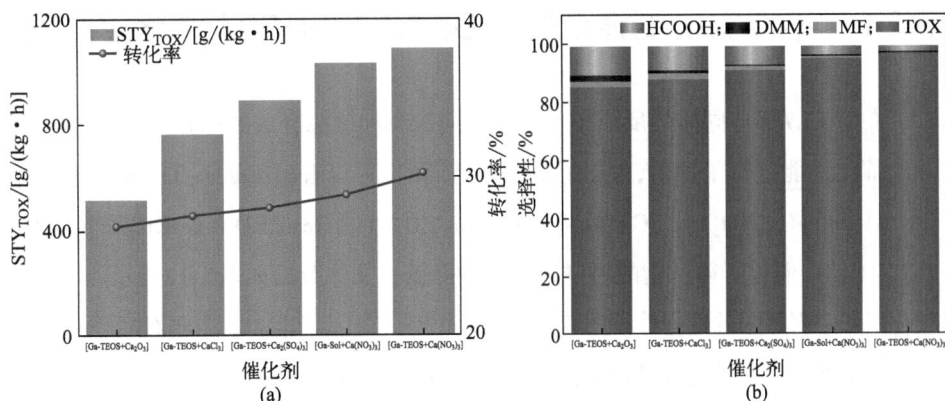

图 5-15　不同镓源、硅源合成的 [Ga]-MFI-50 催化所得产物的时空产率和甲醛转化率（a）以及 [Ga]-MFI-y 催化所得 TOX 的选择性和 Brønsted 酸/Lewis 酸值（b）

模板剂筛选中可知，位于孔道交叉处的金属位点越多，对反应越有利。从表5-11可看出，当使用硫酸镓作为镓源时，所得产物的时空产率降低至896g/（kg·h），而使用氯化镓作为镓源时，所得产物的时空产率为768g/（kg·h）。从吡啶红外结果可得知两者的Brønsted酸密度较为接近，这说明镓源的改变并没有影响骨架中金属元素的数量。所以出现这种现象是由不同镓源的阴离子引起的，而阴离子对TPA⁺具有极化作用。不同离子由于大小的不同，对TPA⁺的极化能力也不同，极化作用越大，其反应体系中TPA⁺所带正电荷越多，对骨架所提供的平衡电荷也越多。因此，分布在孔道交叉处的金属离子会随极化作用的增强而增加。这导致了不同镓源所得分子筛在Brønsted酸密度接近的情况下所得产物的时空产率不同。甲醛的转化率和三聚甲醛的选择性表现出与时空产率同样的规律。

表5-11　不同镓源、硅源合成的[Ga]-MFI-50分子筛催化性能数据

样品	Con_{HCHO}/%	STY_{TOX}/[g/(kg·h)]	选择性/%			
			TOX	MF	DMM	HCOOH
[Ga-Sol+Ga(NO₃)₃]	28.93	1033	95.93	0.70	0.47	2.90
[Ga-TEOS+Ga₂(SO₄)₃]	28.14	896	91.57	1.61	0.52	6.30
[Ga-TEOS+GaCl₃]	27.62	768	88.45	2.41	0.85	8.29
[Ga-TEOS+Ga₂O₃]	26.97	514	86.13	2.11	1.81	9.95
[Ga-TEOS+Ga(NO₃)₃]	30.29	1089	97.79	0	0.2	2.01

5.3.8　不同镓源、硅源合成的 [Ga,Al]–MFI–50 的催化性能评价

在与5.3.7部分同样的反应条件下对不同镓源和硅源合成的[Ga,Al]–MFI–50分子筛的催化性能进行了评价，结果如图5-16所示，可以看出[Ga/Al- TEOS+Ga(NO₃)₃]、[Ga/Al–Sol+Ga(NO₃)₃]、[Ga/Al–TEOS+Ga₂(SO₄)₃]、[Ga–TEOS+GaCl₃] 和 [Ga/Al–TEOS+Ga₂O₃]催化所得产物的时空产率依次降低，具体数据如表5-12所示。甲醛的转化率和三聚甲醛的选择性都随着阴离子极化TPA⁺阳离子能力的变弱而降低。

综上所述，在催化剂结构、比表面积、形貌、Brønsted酸密度等较为接近时，不同镓源或硅源的使用改变了分子筛中骨架金属元素的位点，从而影响了分子筛的催化性能。并且从数据中可知催化剂对产物的选择性始终与本身的Brønsted酸/Lewis酸值相关，Lewis酸密度越高越容易产生甲酸等副产物，降低对三聚甲醛的选择性。因此，提升催化剂中Brønsted酸密度占比，更有利于提升对三聚甲醛的选择性。

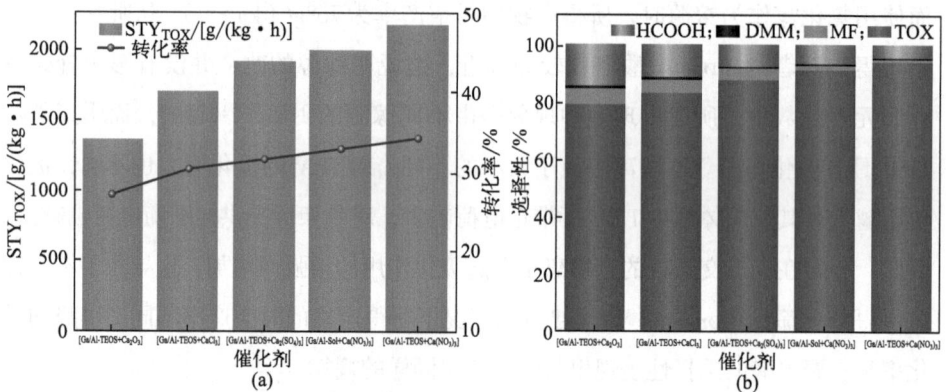

图5-16　不同镓源、硅源合成的 [Ga,Al]–MFI–50 催化所得产物的时空产率和甲醛转化率（a）以及 [Ga,Al]-MFI-y 催化所得 TOX 的选择性和 Brønsted 酸/Lewis 酸值（b）

表5-12　不同镓源、硅源合成的 [Ga,Al]-MFI-50 分子筛催化性能数据

样品	Con_HCHO/%	STY_TOX/[g/(kg·h)]	选择性/%			
			TOX	MF	DMM	HCOOH
[Ga/Al–Sol+Ga(NO₃)₃]	32.87	1986	90.99	1.67	0.17	7.17
[Ga/Al–TEOS+Ga₂(SO₄)₃]	31.60	1904	87.46	4.21	0.32	8.00
[Ga/Al–TEOS+GaCl₃]	30.37	1685	83.10	4.41	0.93	11.56

样品	Con$_{HCHO}$/%	STY$_{TOX}$/[g/(kg·h)]	选择性/%			
			TOX	MF	DMM	HCOOH
[Ga/Al–TEOS+Ga$_2$O$_3$]	27.08	1348	78.93	5.41	1.15	14.51
[Ga/Al–TEOS+Ga(NO$_3$)$_3$]	34.24	2166	94.16	0.7	0.47	4.67

5.4　氟化铵辅助合成分子筛及其催化性能评价

5.4.1　催化剂结构表征

根据不同模板剂、镓源和硅源合成分子筛的催化性能研究可知，在分子筛结构相同的情况下，位于孔道交叉处Brønsted酸占比越高，对反应越有利。而氟化铵通常用于在准中性介质中合成高硅或全硅沸石，氟化铵作为助剂会起到调节分子筛中酸密度的作用。在[Ga]–MFI–50和[Ga,Al]–MFI–50（1∶1）合成体系中加入氟化铵，所得分子筛XRD谱图如图5–17所示。在2θ=7.8°、8.7°、23.1°、23.8°和24.3°处存在明显的特征衍射峰，说明分子筛成功合成。并未观测到其他氧化物衍射峰。通过表5–13列出的ICP元素分析得知，在加入氟化铵后可以看出金属元素在分子筛中的比例降低。

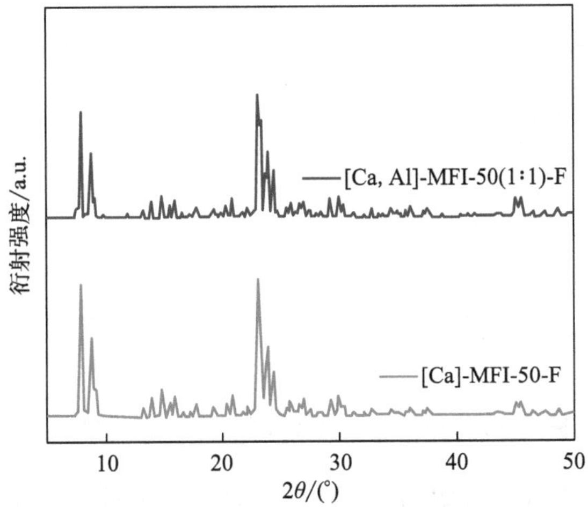

图5-17　氟化铵辅助合成分子筛的 XRD 谱图

表5-13 不同模板剂合成样品的相对结晶度和原子含量

样品	Al含量/%	Ga含量/%	Si：（Al，Ga）	相对结晶度/%
[Ga]-MFI-50-F	0	1.09	89.91	95.6
[Ga,Al]-MFI-50（1∶1）-F	0.88	0.94	81.65	94.8

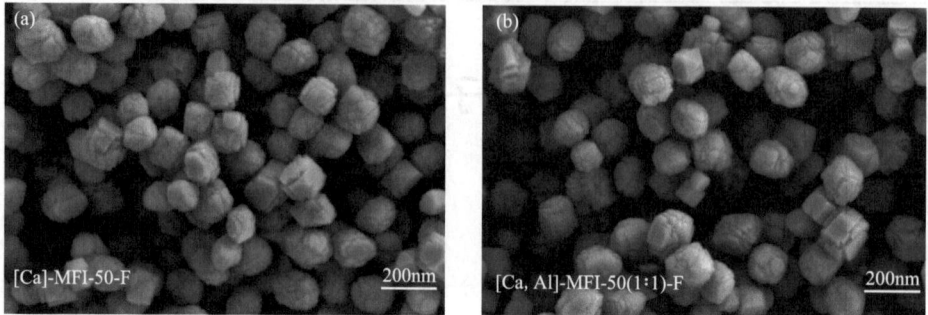

图 5-18 氟化铵辅助合成分子筛的 SEM 图像

[Ga]-MFI-50-F和[Ga,Al]-MFI-50（1∶1）-F的SEM图像如图5-18所示，可以看出两种分子筛均呈现出不规则的棱柱体，且粒径大多分布在200nm ～ 220nm之间。可见氟化铵作为助剂引入到反应体系中，并未对分子筛的形貌以及粒径产生影响。

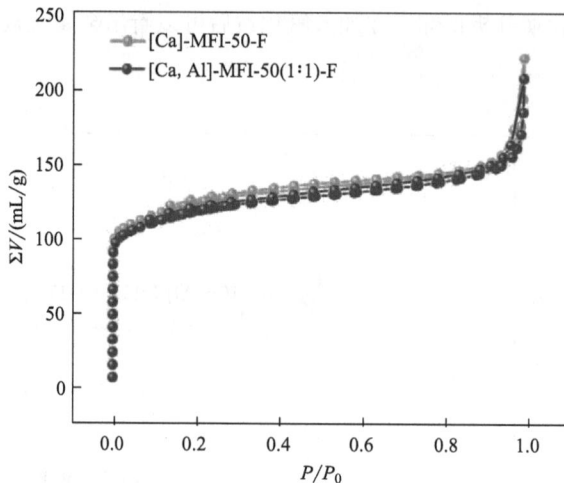

图 5-19 氟化铵辅助合成分子筛的氮气吸附－脱附曲线

两种分子筛的氮气吸附-脱附曲线如图5-19所示。可以看出样品与[Ga]-MFI-50和[Ga,Al]-MFI-50的吸附等温线相似，所有的分子筛样品在相对压力较低的范围内均表现出了强烈的单层吸附特征，呈现出典型的 I 型吸附等温线，表示分子筛中存在大量的微孔结构。两种材料的比表面积通过BET方法得出，[Ga]–MFI–50–F 和 [Ga,Al]–MFI–50（1∶1）–F的比表面积分别为397m²/g和389m²/g。通过Horvath–Kawazoe法计算出两种分子筛的孔径大小均在0.60nm左右。这也说明氟化铵的加入，并未对分子筛的孔结构产生影响。

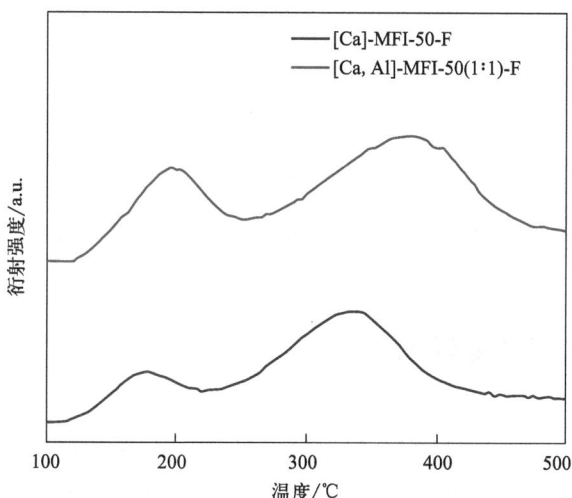

图5-20　氟化铵辅助合成分子筛的 NH₃-TPD 曲线

　　[Ga]–MFI–50–F 和 [Ga,Al]–MFI–50（1∶1）–F的NH₃–TPD曲线如图5-20所示。其中[Ga]–MFI–50–F在150℃～240℃和300℃～380℃出现两个明显的脱附信号峰。分子筛的强酸密度占比为80%左右，弱酸密度占比为20%左右。而[Ga,Al]–MFI–50（1∶1）–F在150℃～240℃和300℃～420℃出现信号峰，其脱附温度略高于[Ga]–MFI–50–F。并且在该样品中强酸密度占比为70%左右，弱酸密度占比为30%左右。通过对吸附曲线的拟合可得出 [Ga]–MFI–50–F 和 [Ga,Al]–MFI–50（1∶1）–F的总酸量分别为0.20mmol/g和0.39mmol/g。

　　图5-21为[Ga]–MFI–50–F 和 [Ga,Al]–MFI–50（1∶1）–F分子筛的吡啶红外表征结果。可以看出所有分子筛均出现了属于Brønsted酸性位点和Lewis酸性位点的信号峰。通过计算得出[Ga]–MFI–50–F的Brønsted酸密度和Lewis酸密度分别为0.165mmol/g和0.028mmol/g。[Ga,Al]–MFI–50（1∶1）–F的Brønsted酸密度和Lewis酸密度分别为0.354mmol/g和0.066mmol/g。

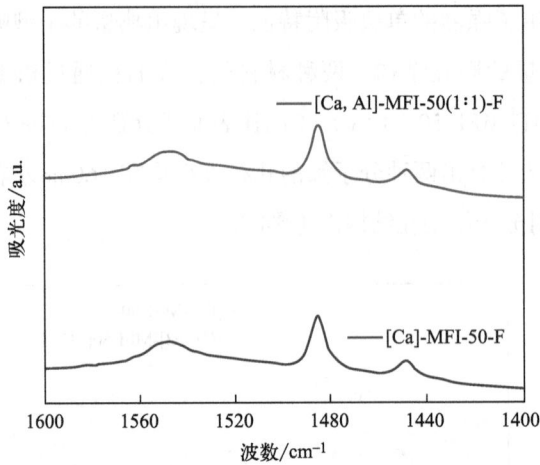

图 5-21 氟化铵辅助合成分子筛的吡啶红外谱图

5.4.2 催化剂性能评价

  两种分子筛均在用量为3%，反应温度为110℃，反应时间2h的条件下，对其催化性能进行评价，实验结果如图5-22所示。从图中可以看出，氟化铵的加入使得催化所得产物的时空产率降低，具体数据如表5-14所示。并且对三聚甲醛的选择性并未达到提高的效果。结合ICP元素分析和吡啶红外结果可知，虽然氟化铵作为辅助剂可以降低分子筛的Lewis酸密度，但是同时使得进入骨架的金属元素减

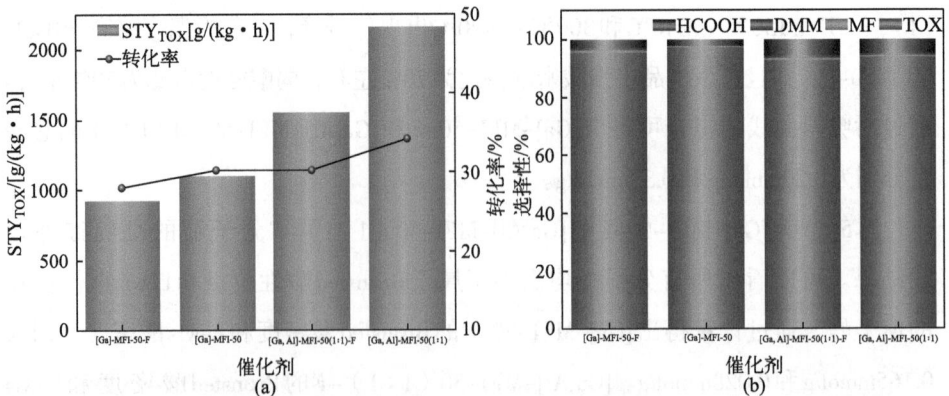

图 5-22 氟化铵辅助合成分子筛催化所得产物的时空产率和甲醛转化率（a）以及对TOX的选择性（b）

少，导致Brønsted酸密度降低。并且两种催化剂的Brønsted酸/Lewis酸值也有所降低，因此并未达到提升选择性的效果。

表5-14　氟化铵辅助合成分子筛催化性能数据

样品	Con_{HCHO}/%	STY_{TOX}/[g/(kg · h)]	选择性/%			
			TOX	MF	DMM	HCOOH
[Ga]-MFI-50-F	32.87	921	95.84	0.65	0.00	3.51
[Ga,Al]-MFI-50（1:1）-F	31.60	1546	93.00	0.85	0.00	6.15

参考文献

[1] 王晓明，徐泽夕，王越峰，等. 聚甲醛的生产和应用[J]. 塑料工业，2012，40（03）：46-49.

[2] 王志刚. 国内外聚甲醛生产进展[J]. 化工中间体，2005（04）：17-21.

[3] 郭莉，于干. 我国聚甲醛的生产与应用[J]. 石油化工应用，2008，27（04）：12-15.

[4] Curioni A, Andreoni W, Hutter J, et al. Density-Functional-Theory-Based Molecular Dynamics Study of 1, 3, 5-Trioxane and 1, 3-Dioxolane Protolysis [J]. Journal of the American Chemical Society, 1994, 116（25）：11251-11255.

[5] Masamoto J, Hamanaka K, Yoshida K, et al. Synthesis of Trioxane Using Heteropolyacids as Catalyst [J]. Angewandte Chemie International Edition, 2000, 39（12）：2102-2104.

[6] Qin W, Li W, Min W, et al. Synthesis of polyoxymethylene dimethyl ethers from methylal and trioxane catalyzed by Brønsted acid ionic liquids with different alkyl groups [J]. RSC Advances, 2015, 5（71）：57968-57974.

[7] Wang R, Wu Z, Li Z, et al. Synthesis of polyoxymethylene dimethyl ethers from dimethoxymethane and trioxymethylene over graphene oxide: Probing the active species and relating the catalyst structure to performance [J]. Applied Catalysis A: General, 2019, 570: 15-22.

[8] 耿雪丽，孟莹，从海峰，等. 聚甲氧基二甲醚合成工艺及产业化述评[J]. 化工进展，2020，39（12）：4993-5008.

[9] 梁鹏，张桂臻，王季秋，等. 柴油车尾气碳烟颗粒物催化燃烧催化剂的最新研究进展[J]. 环境工程学报，2008，2（05）：577-585.

[10] 李铭迪，王忠，李立琳，等. 乙醇/柴油燃烧颗粒状态特征试验研究[J]. 农业机械学报，2013，44（03）：28-32.

[11] 李丰，刘志成，李宗耀，等. 柴油添加剂聚甲醛二甲醚的研究进展[J]. 工业催化，2016，24（06）：31-34.

[12] 田桂丽，王宇博. 我国甲醛行业现状与发展趋势[J]. 化学工业，2018，36（05）：19-22，44.

[13] 李晓晴. 一种多聚甲醛解聚装置[M]. 2019.

[14] 徐杰，贾秀全，马继平，等. 甲醛催化氧化制备三聚甲醛的方法[P]：中国，CN111825651A. 2020-10-27.

[15] Fox C H, Johnson F B, Whiting J, et al. Formaldehyde fixation [J]. Journal of Histochemistry & Cytochemistry, 1985, 33（8）：845-853.

[16] Gerberich H R, Seaman G C, Staff U B. Formaldehyde [M]. Kirk-Othmer Encyclopedia of Chemical Technology. 1-22.

[17] Grützner T, Hasse H, Lang N, et al. Development of a new industrial process for trioxane production [J]. Chemical Engineering Science, 2007, 62（18）：5613-5620.

[18] Tejado A, Peña C, Labidi J, et al. Physico-chemical characterization of lignins from different sources for use in phenol – formaldehyde resin synthesis [J]. Bioresource Technology, 2007, 98（8）: 1655-1663.

[19] 林陵，关键，曾崇余. 甲醛制备三聚甲醛的研究进展[J]. 天然气化工，2007，32（06）: 70-75.

[20] 许颖，宋宪民，杨青岭. 三聚甲醛和二甲亚砜牙髓失活剂的临床应用[J]. 现代口腔医学杂志，1988，2（01）: 61.

[21] 张瑾. 甲醛毒性的研究进展[J]. 职业与健康，2006，22（23）: 2041-2044.

[22] Balashov A L, Danov S M, Golovkin A Y, et al. Equilibrium mixture of polyoxymethylene glycols in concentrated aqueous formaldehyde solutions [J]. Russian journal of applied chemistry, 1996, 69（2）: 190-192.

[23] Christman R F, Norwood D L, Millington D S, et al. Identity and yields of major halogenated products of aquatic fulvic acid chlorination [J]. Environmental Science & Technology, 1983, 17（10）: 625-628.

[24] Dankelman W, Daemen J M H. Gas chromatographic and nuclear magnetic resonance determination of linear formaldehyde oligomers in formalin [J]. Analytical Chemistry, 1976, 48（2）: 401-404.

[25] Franken P A, Hill A E, Peters C W, et al. Generation of Optical Harmonics [J]. Physical Review Letters, 1961, 7（4）: 118-119.

[26] Gold A, Utterback D F, Millington D S. Quantitative analysis of gas-phase formaldehyde molecular species at equilibrium with formalin solution [J]. Analytical Chemistry, 1984, 56（14）: 2879-2882.

[27] Kircher R, Schmitz N, Berje J, et al. Generalized Chemical Equilibrium Constant of Formaldehyde Oligomerization [J]. Industrial & Engineering Chemistry Research, 2020, 59（25）: 11431-11440.

[28] Kopf P W, Wagner E R. Formation and cure of novolacs: NMR study of transient molecules [J]. Journal of Polymer Science: Polymer Chemistry Edition, 1973, 11（5）: 939-960.

[29] Le Botlan D J, Mechin B G, Martin G J. Proton and carbon-13 nuclear magnetic resonance spectrometry of formaldehyde in water [J]. Analytical Chemistry, 1983, 55（3）: 587-591.

[30] Slonim I Y, Gruznov A G, Oreshenkova T F, et al. Molecular-mass distribution of linear formaldehyde oligomers in the system formaldehyde-water-organic solvent [J]. Polymer Science USSR, 1987, 29（2）: 310-315.

[31] Moedritzer K, Wazer J R V. Equilibria between Cyclic and Linear Molecules in Aqueous Formaldehyde [J]. The Journal of Physical Chemistry, 1966, 70（6）: 2025-2029.

[32] Balashov A L, Krasnov V L, Danov S M, et al. Formation of Cyclic Oligomers in Concentrated Aqueous Solutions of Formaldehyde [J]. Journal of Structural Chemistry, 2001, 42（3）: 398-403.

[33] Walker J F, Chadwick A F. Trioxane as a Source of Formaldehyde [J]. Industrial & Engineering

Chemistry, 1947, 39（8）: 974-977.

[34] Azizi M A, Brouwer J. Progress in solid oxide fuel cell-gas turbine hybrid power systems: System design and analysis, transient operation, controls and optimization [J]. Applied Energy, 2018, 215: 237-289.

[35] Xie H, Lv L, Zhang T, et al. Reaction kinetics of trioxane synthesis from formaldehyde catalyzed by sulfuric acid/ionic liquid [J]. Reaction Kinetics, Mechanisms and Catalysis, 2021, 133（2）: 825-840.

[36] Torrent-Sucarrat M, Francisco J S, Anglada J M. Sulfuric Acid as Autocatalyst in the Formation of Sulfuric Acid [J]. Journal of the American Chemical Society, 2012, 134（51）: 20632-20644.

[37] Edward F C. Preparation of alpha trioxymethylene: United States. 1942. https: //www.freepatentsonline.com/2304080.html.

[38] 张先明, 胡玉峰. 甲醛+1,3,5-三聚甲醛+硫酸+水体系汽液相平衡实验和理论研究[J]. 化工学报, 2020, 71（1）: 216-224.

[39] Noritaka T, 德孝 谷, Junzo M, et al. METHOD FOR SYNTHESIZING TRIOXANE [M]. 2006.

[40] Yin L, Hu Y, Zhang X, et al. The salt effect on the yields of trioxane in reaction solution and in distillate [J]. RSC Advances, 2015, 5（47）: 37697-37702.

[41] Tanaka M, Ogino K. Study of Trioxane Production Process with Super - or Subcritical Fluid as Solvent and Extractant [J]. Synthetic Communications, 2006, 36（14）: 1927-1932.

[42] Ma W, Hu Y, Qi J, et al. Acid-Catalyzed Synthesis of Trioxane in Aprotic Media [J]. Industrial & Engineering Chemistry Research, 2017, 56（24）: 6910-6915.

[43] Hu Y-F, Liu Z-C, Xu C-M, et al. The Molecular Characteristics Dominating the Solubility of Gases in Ionic Liquids [J]. Chemical Society Reviews, 2011, 40（7）: 3802-3823.

[44] Rosen B A, Salehi-Khojin A, Thorson M R, et al. Ionic Liquid-Mediated Selective Conversion of CO_2 to CO at Low Overpotentials [J]. Science, 2011, 334（6056）: 643-644.

[45] Chakraborti A K, Roy S R. On Catalysis by Ionic Liquids [J]. Journal of the American Chemical Society, 2009, 131（20）: 6902-6903.

[46] Holbrey J D, Seddon K. Ionic liquids [J]. Clean products and processes, 1999, 1（4）: 223-236.

[47] 陈静, 宋河远, 夏春谷, 等. 哑铃型离子液体催化甲醛环化反应合成三聚甲醛的方法 [M]. CN.

[48] Zhao Y, Hu Y, Qi J, et al. Brønsted-acidic ionic liquids as catalysts for synthesizing trioxane [J]. Chinese Journal of Chemical Engineering, 2016, 24（10）: 1392-1398.

[49] 马炜婷, 胡玉峰, 魏立虎, 等. 离子液体在环丁砜中催化多聚甲醛合成三聚甲醛的研究 [J]. 中国科学: 化学, 2016, 46（12）: 1343-1349.

[50] Kashihara O（Fuji, JP）, Akiyama Minoru（Fuji, JP）. Process for producing trioxane: United States, 1999. https: //www.freepatentsonline.com/5929257.html.

[51] Andrews P R, Craik D J, Martin J L. Functional group contributions to drug-receptor

interactions[J]. Journal of medicinal chemistry, 1984, 27（12）: 1648-1657.

[52] Stahlbush J R, Strom R M. A decomposition mechanism for cation exchange resins [J]. Reactive Polymers, 1990, 13（3）: 233-240.

[53] 赵志刚, 邵太丽, 秦国正, 等. H-732阳离子交换树脂催化酯化反应[J]. 化工进展, 2012, 31（07）: 1592-1596.

[54] 陈桂, 向柏霖, 袁叶, 等. 阳离子交换树脂改性研究进展[J]. 化工进展, 2016, 35（05）: 1471-1476.

[55] Masamoto J, Hamanaka K, Yoshida K,et al. Synthesis of Trioxane Using Heteropolyacids as Catalyst[J]. Angewandte Chemie International Edition, 2010, 39（12）: 2102-2104.

[56] 关键, 林陵, 曾崇余. PW_{12}/AC催化剂在合成三聚甲醛中的催化性能研究[J]. 天然气化工, 2005, 30（4）: 19-22.

[57] 林陵, 关键, 曾崇余. 活性炭负载硅钨酸催化合成三聚甲醛的研究[J]. 精细石油化工, 2007, 24（4）: 29-33.

[58] Ignatov V N, Pilati f, Berti C, et al. PET synthesis in the presence of lanthanide catalysts [J]. Journal of Applied Polymer Science, 1995, 58（4）: 771-777.

[59] Maxwell I E, Stork W H J. Introduction to Zeolite Science and Practice [J]. Reaction Kinetics and Catalysis Letters, 1991, 45（1）: 161-163.

[60] De Vries A H, Sherwood P, Collins S J, et al. Zeolite Structure and Reactivity by Combined Quantum-Chemical-Classical Calculations [J]. The Journal of Physical Chemistry B, 1999, 103（29）: 6133-6141.

[61] Ozin G A, Kuperman A, Stein A. Advanced Zeolite, Materials Science [J]. Angewandte Chemie International Edition in English, 1989, 28（3）: 359-376.

[62] 徐如人. 分子筛与多孔材料化学 [M]. 分子筛与多孔材料化学, 2004.

[63] Li J, Corma A, Yu J. Synthesis of new zeolite structures [J]. Chemical Society Reviews, 2015, 44（20）: 7112-7127.

[64] Yasuda H, Sato T, Yoshimura Y. Influence of the acidity of USY zeolite on the sulfur tolerance of Pd－Pt catalysts for aromatic hydrogenation [J]. Catalysis Today, 1999, 50（1）: 63-71.

[65] Wang W, Gao X, Yang Q, et al. Vanadium oxide modified H-beta zeolite for the synthesis of polyoxymethylene dimethyl ethers from dimethyl ether direct oxidation [J]. Fuel, 2019, 238（0）: 289-297.

[66] Subbiah A, Cho B K, Blint R J, et al. NOx reduction over metal-ion exchanged novel zeolite under lean conditions: activity and hydrothermal stability [J]. Applied Catalysis B: Environmental, 2003, 42（2）: 155-178.

[67] Wei Y, Li J, Yuan C, et al. Generation of diamondoid hydrocarbons as confined compounds in SAPO-34 catalyst in the conversion of methanol [J]. Chemical Communications, 2012, 48（25）: 3082-3084.

[68] Corma A, Corell C, P é rez-Pariente J. Synthesis and characterization of the MCM-22 zeolite [J]. Zeolites, 1995, 15（1）: 2-8.

[69] Olson D H, Kokotailo G T, Lawton S L, et al. Crystal structure and structure-related properties of ZSM-5 [J]. The Journal of Physical Chemistry, 1981, 85（15）: 2238-2243.

[70] Shirazi L, Jamshidi E, Ghasemi M R. The effect of Si/Al ratio of ZSM-5 zeolite on its morphology, acidity and crystal size [J]. Crystal Research and Technology, 2008, 43（12）: 1300-1306.

[71] Jacobs P A, Von B R. Framework hydroxyl groups of H-ZSM-5 zeolites [J]. The Journal of Physical Chemistry, 1982, 86（15）: 3050-3052.

[72] Olson D H, Haag W O, Lago R M. Chemical and physical properties of the ZSM-5 substitutional series [J]. Journal of Catalysis, 1980, 61（2）: 390-396.

[73] Iliopoulou E F, Stefanidis S D, Kalogiannis K G, et al. Catalytic upgrading of biomass pyrolysis vapors using transition metal-modified ZSM-5 zeolite [J]. Applied Catalysis B: Environmental, 2012, 127（0）: 281-290.

[74] Woolery G L, Kuehl G H, Timken H C, et al. On the nature of framework Brønsted and Lewis acid sites in ZSM-5 [J]. Zeolites, 1997, 19（4）: 288-296.

[75] Whitmore F C. Mechanism of the Polymerization of Olefins by Acid Catalysts [J]. Industrial & Engineering Chemistry, 1934, 26（1）: 94-95.

[76] Grenall A. Montmorillonite Cracking Catalyst. Demonstration of Presence of Hydrogen Ion in Heated Filtrol Clay Catalysts [J]. Industrial & Engineering Chemistry, 1949, 41（7）: 1485-1489.

[77] Grenall A. Montmorillonite Cracking Catalyst [J]. Industrial & Engineering Chemistry, 1948, 40（11）: 2148-2151.

[78] Thomas C L. Chemistry of Cracking Catalysts [J]. Industrial & Engineering Chemistry, 1949, 41（11）: 2564-2573.

[79] Oblad A G, Milliken T H, Mills G A. Chemical Characteristics and Structure of Cracking Catalysts [J]. Advances in Catalysis, 1951, 3: 199-247.

[80] Tamele M W. Chemistry of the surface and the activity of alumina-silica cracking catalyst [J]. Discussions of the Faraday Society, 1950, 8（0）: 270-279.

[81] Hansford R C. Chemical Concepts of Catalytic Cracking [M]//Frankenburg W G, Komarewsky V I, Rideal E K. Advances in Catalysis. Academic Press. 1952, 4: 1-30.

[82] Benesi H A. Acidity of Catalyst Surfaces. I. Acid Strength from Colors of Adsorbed Indicators [J]. Journal of the American Chemical Society, 1956, 78（21）: 5490-5494.

[83] Moscou L, Mon é R. Structure and catalytic properties of thermally and hydrothermally treated zeolites: Acid strength distribution of REX and REY [J]. Journal of Catalysis, 1973, 30（3）: 417-422.

[84] Matsuhashi H, Futamura A. Determination of relative acid strength and acid amount of solid acids by Ar adsorption [J]. Catalysis Today, 2006, 111（3）: 338-342.

[85] Degnan T F, Chitnis G K, Schipper P H. History of ZSM-5 fluid catalytic cracking additive development at Mobil [J]. Microporous and Mesoporous Materials, 2000, 35-36（1）:

245-252.

[86] Gabrienko A A, Danilova I G, Arzumanov S S, et al. Direct Measurement of Zeolite Brønsted Acidity by FTIR Spectroscopy: Solid-State 1H MAS NMR Approach for Reliable Determination of the Integrated Molar Absorption Coefficients [J]. The Journal of Physical Chemistry C, 2018, 122（44）: 25386-25395.

[87] Krossner M, Sauer J. Interaction of Water with Brønsted Acidic Sites of Zeolite Catalysts. Ab Initio Study of 1:1 and 2:1 Surface Complexes [J]. The Journal of Physical Chemistry, 1996, 100（15）: 6199-6211.

[88] Xu B, Sievers C, Hong S B, et al. Catalytic activity of Brønsted acid sites in zeolites: Intrinsic activity, rate-limiting step, and influence of the local structure of the acid sites [J]. Journal of Catalysis, 2006, 244（2）: 163-168.

[89] Chen K, Abdolrahmani M, Horstmeier S, et al. Brønsted – Brønsted Synergies between Framework and Noncrystalline Protons in Zeolite H-ZSM-5 [J]. ACS Catalysis, 2019, 9（7）: 6124-6136.

[90] Martin R J L. The mechanism of the Cannizzaro reaction of Formaldehyde [J]. Australian Journal of Chemistry, 1954, 7（4）: 335-347.

[91] Swain C G, Powell A L, SHEPPARD W A, et al. Mechanism of the Cannizzaro reaction [J]. Journal of the American Chemical Society, 1979, 101（13）: 3576-3583.

[92] Russell A E, Miller S P, Morken J P. Efficient Lewis Acid Catalyzed Intramolecular Cannizzaro Reaction [J]. The Journal of Organic Chemistry, 2000, 65（24）: 8381-8383.

[93] Chen M-T, Lin Y-S, Lin Y-F, et al. Dissociative adsorption of HCOOH, CH3OH, and CH2O on MCM-41 [J]. Journal of Catalysis, 2004, 228（1）: 259-263.

[94] Morris S A, Gusev D G. Rethinking the Claisen – Tishchenko Reaction [J]. Angewandte Chemie International Edition, 2017, 56（22）: 6228-6231.

[95] Busca G, Lamotte J, Lavalley J C, et al. FT-IR study of the adsorption and transformation of formaldehyde on oxide surfaces [J]. Journal of the American Chemical Society, 1987, 109（17）: 5197-5202.

[96] 付梦倩, 叶宇玲, 雷骞, 等. HZSM-5分子筛合成三聚甲醛[J]. 合成化学, 2020, 28（08）: 736-740.

[97] 叶宇玲, 雷骞, 陈洪林, 等. 模板剂对ZSM-5分子筛甲醛环化制三聚甲醛性能的影响[J]. 化工进展, 2020, 39（12）: 5049-5056.

[98] Davenport W. Sulfuric acid manufacture: analysis, control and optimization [J]. Mineral Processing and Extractive Metallurgy, 2007, 116（3）: 207.

[99] Song H, Chen J, Xia C, et al. Novel Acidic Ionic Liquids as Efficient and Recyclable Catalysts for the Cyclotrimerization of Aldehydes [J]. Synthetic Communications, 2012, 42（2）: 266-273.

[100] Dintzner M R, Mondjinou Y A, Pileggi D J. Montmorillonite clay-catalyzed cyclotrimerization and oxidation of aliphatic aldehydes [J]. Tetrahedron Letters, 2010, 51（5）: 826-827.

[101]　Seki T，Nakajo T，Onaka M. The Tishchenko Reaction：A Classic and Practical Tool for Ester Synthesis [J]. Chemistry Letters，2006，35（8）：824-829.

[102]　KOSKINEN A M P，KATAJA A O. The Tishchenko Reaction [M]. Organic Reactions. 105-410.

[103]　罗坚，谭长瑜，董庆年，等. 杂原子分子筛Ga-ZSM-5的表征[J]. 催化学报，1990，11（6）：462-468.

[104]　Meng L，Zhu X，Mezari b，et al. On the Role of Acidity in Bulk and Nanosheet [T]MFI（T=Al^{3+}，Ga^{3+}，Fe^{3+}，B^{3+}）Zeolites in the Methanol-to-Hydrocarbons Reaction [J]. ChemCatChem，2017，9（20）：3942-3954.

[105]　Leth K T，Rovik A K，Holm M S，et al. Synthesis and characterization of conventional and mesoporous Ga-MFI for ethane dehydrogenation [J]. Applied Catalysis A：General，2008，348（2）：257-265.

[106]　Fild C，Shantz D F，Lobo R F，et al. Cation-induced transformation of boron-coordination in zeolites [J]. Physical Chemistry Chemical Physics，2000，2（13）：3091-3098.

[107]　Smith T W，Antman E M，Friedman P L，et al. Part III Digitalis glycosides：Mechanisms and manifestations of toxicity [J]. Progress in Cardiovascular Diseases，1984，27（1）：21-56.

[108]　Zhu X，Wu L，Magusin P C M M，et al. On the synthesis of highly acidic nanolayered ZSM-5 [J]. Journal of Catalysis，2015，327（0）：10-21.

[109]　Lohse U，Parlitz B，Patzelova V. Y zeolite acidity dependence on the silicon/aluminum ratio [J]. The Journal of Physical Chemistry，1989，93（9）：3677-3683.

[110]　Stach H，Jaenchen J，Jerschkewitz H G，et al. Mordenite acidity：dependence on the silicon/aluminum ratio and the framework aluminum topology. 1. Sample preparation and physicochemical characterization [J]. The Journal of Physical Chemistry，1992，96（21）：8473-8479.

[111]　Van Bokhoven J A，Van Der Eerden A M J，PRINS R. Local Structure of the Zeolitic Catalytically Active Site during Reaction [J]. Journal of the American Chemical Society，2004，126（14）：4506-4507.

[112]　Wagner C D，Passoja D E，Hillery H F，et al. Auger and photoelectron line energy relationships in aluminum-oxygen and silicon-oxygen compounds [J]. Journal of Vacuum Science and Technology，1982，21（4）：933-944.

[113]　贺振富，代振宇，龙军. 硅-铝催化剂酸中心形成及其结构[J]. 石油学报（石油加工），2011，27（01）：11-19.

[114]　Russell A E，Miller S P，Morken J P. Efficient Lewis Acid Catalyzed Intramolecular Cannizzaro Reaction [J]. The journal of organic chemistry 2000，65（24）：8381-8383.

[115]　Chen Y-Y，Chang C-J，Lee H V，et al. Gallium-Immobilized Carbon Nanotubes as Solid Templates for the Synthesis of Hierarchical Ga/ZSM-5 in Methanol Aromatization [J]. Industrial & Engineering Chemistry Research，2019，58（19）：7948-7956.

[116]　Rane N，Kersbulck M，Van Santen R A，et al. Cracking of n-heptane over Brønsted acid

sites and Lewis acid Ga sites in ZSM-5 zeolite [J]. Microporous and Mesoporous Materials, 2008, 110 (2) : 279-291.

[117] Al-Yassir N, Akhtar M N, Al-Khattaf S. Physicochemical properties and catalytic performance of galloaluminosilicate in aromatization of lower alkanes: a comparative study with Ga/HZSM-5 [J]. Journal of Porous Materials, 2012, 19 (6) : 943-960.

[118] Choudhary V R, Devadas P. Regenerability of coked H-GaMFI propane aromatization catalyst: Influence of reaction – regeneration cycle on acidity, activity/selectivity and deactivation [J]. Applied Catalysis A: General, 1998, 168 (1) : 187-200.

[119] Xiao H, Zhang J, Wang X, et al. A highly efficient Ga/ZSM-5 catalyst prepared by formic acid impregnation and in situ treatment for propane aromatization [J]. Catalysis Science & Technology, 2015, 5 (8) : 4081-4090.

[120] Wu W, Lei Q, Liang L, et al. Synthesis of trioxane catalyzed by [Ga]-MFI zeolites [J]. Journal of Porous Materials, 2023, 30 (1) : 247-258.

[121] Dai W, Yang L, Wang C, et al. Effect of n-Butanol Cofeeding on the Methanol to Aromatics Conversion over Ga-Modified Nano H-ZSM-5 and Its Mechanistic Interpretation [J]. ACS Catalysis, 2018, 8 (2) : 1352-1362.

[122] Fricke R, Kosslick H, Lischke G, et al. Incorporation of Gallium into Zeolites: Syntheses, Properties and Catalytic Application [J]. Chemical Reviews, 2000, 100 (6) : 2303-2406.

[123] Carli R, Bianchi C L. XPS analysis of gallium oxides [J]. Applied Surface Science, 1994, 74 (1) : 99-102.

[124] Wang Y, Caiola A, Robinson B, et al. Hierarchical Galloaluminosilicate MFI Catalysts for Ethane Nonoxidative Dehydroaromatization [J]. Energy & Fuels, 2020, 34 (3) : 3100-3109.

[125] Lalik E, Liu X, Klinowski J. Role of gallium in the catalytic activity of zeolite [Si, Ga]-ZSM-5 for methanol conversion [J]. The Journal of Physical Chemistry, 1992, 96 (2) : 805-809.

[126] Yi X, Liu K, Chen W, et al. Origin and Structural Characteristics of Tri-coordinated Extra-framework Aluminum Species in Dealuminated Zeolites [J]. Journal of the American Chemical Society, 2018, 140 (34) : 10764-10774.

[127] Ramdas S, Klinowski J. A simple correlation between isotropic 29Si-NMR chemical shifts and T – O – T angles in zeolite frameworks [J]. Nature, 1984, 308 (5959) : 521-523.

[128] Kessler H, Chezeau J M, Guth J L, et al. N.m.r. and i.r. study of B and B-Al substitution in zeolites of the MFI-structure type obtained in non-alkaline fluoride medium [J]. Zeolites, 1987, 7 (4) : 360-366.

[129] Emeis C A. Determination of Integrated Molar Extinction Coefficients for Infrared Absorption Bands of Pyridine Adsorbed on Solid Acid Catalysts [J]. Journal of Catalysis, 1993, 141 (2) : 347-354.

[130] Buzzoni R, Bordiga S, Ricchiardi G, et al. Interaction of Pyridine with Acidic (H-ZSM5, H-β, H-MORD Zeolites) and Superacidic (H-Nafion Membrane) Systems: An IR

Investigation [J]. Langmuir, 1996, 12（4）：930-940.

[131] Burkett S L, Davis M E. Mechanism of Structure Direction in the Synthesis of Si-ZSM-5: An Investigation by Intermolecular 1H-29Si CP MAS NMR [J]. The Journal of Physical Chemistry, 1994, 98（17）：4647-4653.

[132] Burkett S L, Davis M E. Mechanisms of Structure Direction in the Synthesis of Pure-Silica Zeolites. 1. Synthesis of TPA/Si-ZSM-5 [J]. Chemistry of Materials, 1995, 7（5）：920-928.

[133] Liu H, Wang H, Xing A-H, et al. Effect of Al Distribution in MFI Framework Channels on the Catalytic Performance of Ethane and Ethylene Aromatization [J]. The Journal of Physical Chemistry C, 2019, 123（25）：15637-15647.

[134] Chen X, Li Z, Wei R-J, et al. Template controlled synthesis of cluster-based porous coordination polymers: crystal structure, magnetism and adsorption [J]. New Journal of Chemistry, 2015, 39（9）：7333-7339.

[135] Besner S, Vallee A, Bouchard G, et al. Effect of anion polarization on conductivity behavior of poly（ethylene oxide）complexed with alkali salts [J]. Macromolecules, 1992, 25（24）：6480-6488.

[136] Dedecek J, Balgová V, Pashkova V, et al. Synthesis of ZSM-5 Zeolites with Defined Distribution of Al Atoms in the Framework and Multinuclear MAS NMR Analysis of the Control of Al Distribution [J]. Chemistry of Materials, 2012, 24（16）：3231-3239.

[137] Jo C, Park W, Ryoo R. Synthesis of mesoporous zeolites in fluoride media with structure-directing multiammonium surfactants [J]. Microporous and Mesoporous Materials, 2017, 239（1）：19-27.

[138] Kalvachev Y, Jaber M, Mavrodinova V, et al. Seeds-induced fluoride media synthesis of nanosized zeolite Beta crystals [J]. Microporous and Mesoporous Materials, 2013, 177（1）：127-134.

[139] Wang S, Wang P, Qin Z, et al. Relation of Catalytic Performance to the Aluminum Siting of Acidic Zeolites in the Conversion of Methanol to Olefins, Viewed via a Comparison between ZSM-5 and ZSM-11 [J]. ACS Catalysis, 2018, 8（6）：5485-5505.

[140] Iwata T, Doi Y. Morphology and Enzymatic Degradation of Poly（l-lactic acid）Single Crystals [J]. Macromolecules, 1998, 31（8）：2461-2467.

[141] Xie Q, Han L, Shan G, et al. Polymorphic Crystalline Structure and Crystal Morphology of Enantiomeric Poly（lactic acid）Blends Tailored by a Self-Assemblable Aryl Amide Nucleator [J]. ACS Sustainable Chemistry & Engineering, 2016, 4（5）：2680-2688.

[142] Lofgren G. An experimental study of plagioclase crystal morphology; isothermal crystallization [J]. American Journal of Science, 1974, 274（3）：243-273.

[143] Drioli E, Di Profio G, Curcio E. Progress in membrane crystallization [J]. Current Opinion in Chemical Engineering, 2012, 1（2）：178-182.

[144] Mintova S, Jaber M, Valtchev V. Nanosized microporous crystals: emerging applications

[J]. Chemical Society Reviews，2015，44（20）：7207-7233.

[145] Mintova S，Gilson J-P，Valtchev V. Advances in nanosized zeolites [J]. Nanoscale，2013，5（15）：6693-6703.

[146] Choi M，Na K，Kim J，et al. Stable single-unit-cell nanosheets of zeolite MFI as active and long-lived catalysts [J]. Nature，2009，461（7261）：246-249.